おもてなしで 千客万来！

チラシ・POP

素材集

インバウンド対応版

英語・中国語（簡体字）・韓国語

primary inc.,

本書7〜　　　　用について」および
「よくあるお　　　　せ」を必ずお読みいただき、
同意のうえご利用ください。

インプレス

Contents

9 1章 シーン別のチラシ・POP

29 2章 季節のチラシ

47 3章 案内・看板

79 4章 パーツカタログ

98 5章 解説

この本の特徴

パソコンが苦手……
デザインなんて無理

▶

プロのデザイナーによる
シーン別・季節別の
おしゃれなデザインがいっぱい!

とにかく手軽に
パパっと作りたい!

▶

Wordファイル上で
文字を書き換えれば即完成!
外国語3言語にも対応

お店で使いたい……
商用利用して大丈夫?

▶

「ご利用条件（7ページ）」を
クリアしていれば、
許諾申請不要＆プリントし放題!

自分で作れる　プリントするだけ
チラシ・案内・POP・看板が3000点

Wordファイル
＆使用テキスト

255点×2

イラスト
＆文字パーツ

2484点

14書体

詳しくは
99・100ページを参照

人気商品!
Hot Seller!　人気商品!
인기 상품!

5カ国語の表示が可能な多言語フォント

日本語、英語、中国語簡体字、韓国語、中国語繁体字に対応

推奨動作環境
Microsoft Word 365/2021/2019
for Windows

本書の素材データのうち、チラシ・POPは
Microsoft Word（以下、Word）形式で収録
しています。Microsoft Word 365/2019の
Windows版にて動作確認をしています。その
ほかのバージョンおよびMac版でもご利用い
ただけますが、貼り込みデータのサイズや字
間などで微細な違いが確認されています。予
めご了承下さい。

素材データはDVD-ROMと
ダウンロードの両方で提供

詳しくは
98ページを参照

◆ 付属DVD-ROM

※電子書籍版には付属されません

お手持ちのDVDドライブに
付属DVD-ROMをセット

◆ Webでダウンロード

DVDドライブ不要！素材データがダウンロードできる

Wordファイルなので
テキスト部分を書き換えるだけ！

場所と時間、湯の名前、タオルの案内を変更して……

完成！

24-1

すべての素材が揃っているので
アレンジ次第で表現は無限大！

◆ 構成パーツが全部入っている！

Wordファイル「11-3」の場合……

1-1 ショップ

11-3

PNG

デザインを構成するすべてのイラスト・文字パーツが[PNG]フォルダ内に格納されています。

TEXT

デザインに使用している文字情報が[TEXT]フォルダにテキストファイルで収録されています。

※素材データのカタログページに掲載している写真類はイメージ画像です。素材データには収録していません。

◆ パーツ素材でオリジナルのチラシを作ってみよう！

好きな素材を組み合わせて……

使用PNGパーツ
31-4-01, 32-4-02, 32-4-07, 35-2-14,
35-3-11, 37-3-06

カタログの見方

章タイトル　　**サブカテゴリ**

ファイル名　　**素材データの収録場所**

1-1 ショップ
チラシ・POP の Word ファイルが収録されているほか、パーツとテキストが収録されています。

PNG
本書では4章のパーツカタログページに掲載していないパーツも数多く「PNG」フォルダに収録しています。

TEXT
チラシ・POP の Word ファイル上で使用している文字原稿をテキストファイルとして「TEXT」フォルダに収録しています。

色に関する注意事項

カタログページの色とパソコンの画面、および実際の印刷等の色は異なる場合があります。これはそれぞれの色の再現方法の違いによるものです。予めご了承ください。

ご利用について

本書の素材データ（以下単に「データ」といいます。）を利用する前に、
必ず以下の「ご利用条件について」をお読みいただき、同意のうえ、ご利用ください。

データについて

・Word ファイル

Microsoft Word（以下、Word）形式で収録しています。Microsoft Word 365 / 2019のWindows版にて動作確認をしています。そのほかのバージョンおよびMac版でもご利用いただけますが、貼り込みデータのサイズや字間などで微細な違いが確認されています。予めご了承ください。

・PNG ファイル

PNG形式の画像データで収録しています。Wordをはじめ主な文書作成ソフト、画像ソフトなどで使用可能です。画像データはWord使用時の原寸サイズで解像度200dpiで描かれています。

Word及び画像データを印刷する場合、印刷結果が本誌に掲載している見本やモニターで見ている色と異なることがあります。これはモニターやプリンターによって色の再現性が異なるためです。

・テキストファイル

UTF-8のエンコーディングによるテキストファイルで収録しています。コピーして使用する場合は、ペースト先の環境によって文字が正しく表示されない場合があります。使用先のフォントが該当する外国語に対応していることを確認してからペーストしてください。

・フォントファイル

OpenType形式で収録しています。インストールして使用します。OSやソフトウェアによっては使用できない場合がありますのでご注意ください。

ご利用条件について

データの著作権は、次の著作権者に帰属しています（敬称略）。

- **Wordおよび画像ファイル**：あこの／有限会社山屋商店／株式会社パワーデザイン／有限会社プライマリー／株式会社エムディエヌコーポレーション／株式会社インプレス
- **テキストファイル**：株式会社プライマリー／株式会社インプレス
- **フォントファイル「Noto Sans CJK JP」「Noto Serif CJK JP」**：FONTフォルダ内に格納されたテキストファイルにて記載があります。

上記の著作権者は、データに関していかなる権利も放棄していません。

データは、以下に定める範囲内でご利用いただきますようお願いいたします。

　本書をご購入いただいた方に限り、個人・法人を問わず、著作権法ならびに以下の禁止事項に反しない範囲内で、データをそのまま、もしくは加工（複数のデータを組み合わせることを含みます。以下同じ。）して何度でもご利用いただけます。Adobe Illustrator、Adobe Photoshop等を使った加工に関しても制限はありません。
　本利用条件で定める範囲内でのご利用の際、個別の利用許諾申請は必要ありません。法人や学校などで利用する場合、1台のPCに対し本書1冊のご購入が必要です。
　禁止事項に該当しない場合に限り、新聞・雑誌・広告等のDTPデザイン・チラシ・店舗POPの一部・テレビ番組のテロップ・漫画・アニメーション作品の衣装や背景等のデザインへの利用も可能です。

ご利用方法ならびに禁止事項についての個別具体例につきましては、本書8ページの「よくあるお問い合わせ」とWebサイト「インプレス素材集の使用に関するお願い」を必ずご参照ください。

インプレス素材集の使用に関するお願い
https://book.impress.co.jp/items/sozaijirei

禁止事項

(1) 公序良俗に反する態様でデータを利用すること。

(2) 著作権者を名乗る行為。

(3) データの一部または全部を、加工の有無にかかわらず「再配布」すること。なお、「再配布」とは、有償・無償にかかわらず、書籍・CD-ROM・DVD-ROM等の媒体に収録してデータを配布する行為や、データそのものを再利用できる形（ダウンロードを可能にすることを含みます）でサーバー等にアップロードして送信可能化するといった、インターネット等の通信手段を利用する配布行為を意味します。

(4) データそのもの、または加工したデータを印刷し、カード・シール・ポストカード・ステッカー・包装紙・Tシャツ・布生地・バッグ・自社商品パッケージ等にして販売すること。

(5) データを利用したカード類や印刷物・雑貨類、写真加工、テンプレート等の制作を請け負うサービスを行うこと。

(6) データの一部または全部を利用して、著作権登録、意匠登録、商標登録など知的財産権の登録を行うこと。

(7) 写真加工・お絵かきアプリ・SNSのスタンプ等、データそのもの、または加工したデータのアプリへの利用。（アプリやゲーム本体に組み込む背景やタイトルバックなどにはご利用可能です。）

(8) テレビCM等の広告、会社ロゴへの利用。

よくあるお問い合わせ

Q1. 自店のチラシを作りました。同じ内容をPDFにしてホームページ上で配信してもよいでしょうか。

A1. 印刷したチラシと同等の使用方法とみなし、問題なくお使いいただけます。ただし、PDFは素材の解像度を下げるなどして、第三者が素材データを再利用できないようご配慮ください。

Q2. 外部のデザイン会社に素材データを使ったチラシのデザインを依頼して、大量に印刷しても問題ないでしょうか。

A2. PC1台につき本書1冊のご購入をご利用条件としています。委託先のデザイン会社でも本書のご購入をお願いいたします。チラシデータをご購入者ご自身が作成され、印刷のみを外部に委託される場合はその限りではありません。

Q3. 収録しているイラストを使って写真アルバムを作ったり、デザインした名刺を販売したりしてもよいでしょうか。

A3. 「ご利用条件」内の禁止事項（5）のテンプレートサービスに該当する可能性があります。特定の個人向けにデザインの制作依頼を受けたアルバムや名刺は問題ありませんが、テンプレートとしてデザインされたアルバムや名刺に名前や住所、写真などを加えて販売することはできません。

Q4. 収録しているイラストを使ってスマホケースをデザインして販売してもよいでしょうか。

A4. 商品そのもの、または商品パッケージへの使用はライセンス契約となります。巻末に記載の問い合わせ先へ商品詳細をご連絡ください。

OK事例

- ポスター、チラシ、電車内広告などの紙面広告の一部
- 案内パンフレット、商品パンフレットの一部
- 企画書、プレゼン資料などの一部
- 書籍、雑誌の誌面デザインの一部
- 電子書籍（PDF）内のデザインの一部（素材そのものをダウンロードできる状態では不可）
- Webサイトのグラフィックデザインの一部（素材そのものをダウンロードできる状態では不可）
- アプリ、ゲーム内の背景など画像の一部
- テレビ番組用のテロップ
- 商用CM以外の動画コンテンツの一部

NG事例

- 素材データの公衆配信可能化、CD／DVDなどでの再配布
- 写真フレーム、ペーパーアイテムなどの各種テンプレートサービスのテンプレートデザイン
- 各種デザイン素材集への使用および収録（年賀状素材集など）
- 商用CM
- アダルト、ポルノ関連の内容が含まれる製品
- 公序良俗に反するもの

お問い合わせについて

ご利用にあたってのご不明な点は、
書名『おもてなしで千客万来！チラシ・POP素材集インバウンド対応版［英語・中国語（簡体字）・韓国語］』と
明記のうえ、本書巻末に記載の問い合わせ先までお問い合わせください。

お問い合わせの際は、どのようにご利用されたいのか（デザイン、目的、利用形態等）を記載してお問い合わせください。データのご使用に関するお問い合わせの場合は、ご使用になりたいデータのファイル名、ご使用のOS、ソフト名、どのような操作を行いたいのかを記載してお問い合わせください。ただし、個別のソフトの操作方法については回答できません。

その他のお問い合わせの場合も、ご質問内容をできるだけ詳細にお知らせください。内容にあいまいな点があると、回答までに時間を要したり、正しい回答ができない場合がありますので、ご協力をお願いいたします。

本条件の範囲を超えてのご利用を希望される場合は、ライセンス契約等のご相談を承っております。既述のWebサイトもご確認のうえ、詳細はお問い合わせください。

著作権者はデータの利用によって、あるいは利用できなかったことによって起きたいかなる損害についても責任を負いません。あらかじめご了承ください。

1章

シーン別の
チラシ・POP

アパレルや雑貨店、土産物屋、カフェ、居酒屋、
レストランなど、幅広い業種で使えるチラシ・POPをカタログ
形式で掲載しています。観光スポットや宿泊施設の
各種サービス、地域のイベントやセミナーの
案内など、盛りだくさんの内容です。

ご当地グルメ、限定メニュー、数量限定の特選みやげ、半額キャンペーンのお知らせなど、ショップや店舗で使える汎用性の高いチラシ・ポスターを掲載しています。

Top Selling Souvenirs
最畅销的纪念品　최고 판매 기념품

「もらってうれしいお土産」

人気 ランキング Best 5

1位 富士の月
Fuji no tsuki

2位 白い恋心
Shiroi koigokoro

3位 生キャラメル
Raw caramel

4位 あなごパイ
Conger eel pie

5位 羽二重サンド
Habutae sand

10-1

11-1

11-2

11-3

11-4

12-1

12-2

12-3

12-4

13-1

13-2

13-3

13-4

POP・ラベル

新発売、人気No.1など、訴求力の高い言葉で使いやすいPOPを
16種類揃えました。A4サイズに4面付けなので、切り離してお使いください。

[ページ内 A6 POPサイズ]

14-1

14-2

14-3

14-4

14-5

14-6

14-7

14-8

自由書き込みPOP **15-1**

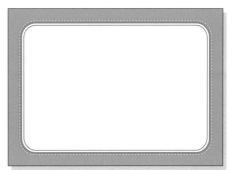

自由書き込みPOP **15-2**

Sale Items

セール対象品

销售物品　세일 대상 상품

15-3

Sale Exclusions

セール除外品

销售排除　세일 제외 상품

15-4

**本日中に
お召し上がりください**

The expiry date is today
请在今天之内吃掉
구매 당일 드세요

15-5

消費期限

Expiry date　保质期 소비기한

2029.01.01

15-6

Keep Refrigerated

要冷蔵

保持冷藏　　냉장보관
[2℃〜10℃]

15-7

Store at Room
Temperature

常温保存

常温保存　상온 보존
[15℃〜30℃]

15-8

飲食店・レストラン

カフェや居酒屋などで使えるデザインのチラシを掲載。旬のフェアから店長のオススメ、テイクアウトメニューの案内まで、売りたいメニューをアピールしましょう。

Today's Special

本日のおすすめ

今日推荐　오늘의 추천

旬の今だからおいしい一皿

海の幸オイスターパスタ
Seafood oyster pasta
海鲜牡蛎意大利面　해물 굴 파스타
1200 円
(税込)

栗とかぼちゃのグラタン
Chestnut and pumpkin gratin
栗子南瓜焗烤　밤과 단호박 그라탕
980 円
(税込)

季節のメニュー　Seasonal menu　季节性菜单　계절 메뉴

牡蠣のアヒージョ Oyster ajillo　蚝油辣酱　굴 아히죠	1000 円(税込)	**かぼちゃタルト** Pumpkin tart　南瓜挞　단호박 타르트	500 円(税込)
牡蠣フライ Fried oysters　海蛎煎　굴 튀김	1000 円(税込)	**かぼちゃプディング** Pumpkin pudding　南瓜布丁　단호박 푸딩	500 円(税込)
生牡蠣3種盛り合わせ Assorted 3 Kinds of Raw Oysters 3 种生蚝拼盘　생굴 3 종 모듬	2000 円(税込)	**チャイミルクティー** Chai milk tea　柴奶茶　차이밀크티	600 円(税込)

16-1

17-1

17-2

店長のオススメ
Manager's recommendation 本店一推 점장 추천

本日の一押し Today's recommendation
多天的推送 오늘의 추천 메뉴

- **刺身・本まぐろ** ¥800
  Bluefin tuna 蓝鳍金枪鱼 혼마구로 (참다랑어)
- **・かつおタタキ** ¥600
  Seared bonito 烤鲣鱼 가다랑어 타타키
- **・岩ガキ(2コ)** ¥600
  Raw oysters(2) 生蚝(2) 생굴(2개)
- **刺身盛り合わせ(一人前)** ¥900
  Assorted sashimi (for 1 person)
  生鱼片什锦 (1人份) 모둠회(1인분)

人気メニュー
- **・もつ煮** ¥500
  Stewed offal 炖内脏 모츠니(곱창조림)
- **・鳥つくね** ¥400
  Grilled chicken meatballs 烤鸡肉丸 츠쿠네
- **・揚げ出し** ¥400
  Deep-fried tofu 炸豆腐 두부튀김
- **・さつま揚げ** ¥400
  Fried fish cake 萨摩揚 사쓰마아게(어묵튀김)
- **・メンチカツ** ¥400
  Ground Meat Cutlet 碎肉排 멘치카츠

定番の一品
- **・豆腐サラダ** ¥600
  Tofu salad 豆腐沙拉 두부 샐러드
- **・ポテトサラダ** ¥450
  Potato salad 土豆沙拉 감자 샐러드
- **・枝豆** ¥350
  Boiled edamame 煮毛豆 에다마메(풋콩)
- **・イカ焼き** ¥500
  Grilled squid 烤鱿鱼 오징어 구이
- **・たまご焼き** ¥500
  Sweet omelet 厚蛋烧 계란말이

17-3

17-4

春の新作メニュー
新春菜単　봄의 신메뉴
New Spring Menu
地元産の食材をふんだんに使った自慢の一品
A specialty dish that uses plenty of local ingredients
使用大量当地食材烹制的菜肴　현지산 재료를 듬뿍 사용한 최고의 메뉴
春爛漫の海老海鮮ちらし
Shrimp chirashi sushi that feels like spring
感觉像春天的虾海鲜散寿司　봄을 느끼는 새우 지라시 스시
1300 円 (税込)

18-1

夏の新作メニュー
新的夏季菜単
여름의 신메뉴　New Summer Menu
地元産の食材をふんだんに使った自慢の一品
A specialty dish that uses plenty of local ingredients
使用大量当地食材烹制的菜肴　현지산 재료를 듬뿍 사용한 최고의 메뉴
特産マンゴーのふわふわパンケーキ
Fluffy pancakes made with special mango
用特制芒果做的蓬松煎饼　특산 망고의 폭신폭신 팬케이크
1400 円 (税込)

18-2

秋の新作メニュー
秋季新菜単
가을의 신메뉴　New Autumn Menu
地元産の食材をふんだんに使った自慢の一品
A specialty dish that uses plenty of local ingredients
使用大量当地食材烹制的菜肴　현지산 재료를 듬뿍 사용한 최고의 메뉴
蜜芋とチョコレートのシューケーキ
Sweet Potato and Chocolate Profiteroles
红薯巧克力泡芙蛋糕　고구마와 초콜릿 슈 케이크
1400 円 (税込)

18-3

冬の新作メニュー
新的冬季菜単
가을의 신메뉴　New Winter Menu
地元産の食材をふんだんに使った自慢の一品
A specialty dish that uses plenty of local ingredients
使用大量当地食材烹制的菜肴　현지산 재료를 듬뿍 사용한 최고의 메뉴
じっくり煮込んだ和牛ビーフシチュー
Slowly Stewed Wagyu Beef Stew
慢炖和牛烩牛肉　푹 끓인 외규 스튜
2200 円 (税込)

18-4

食べ放題

All-you-can-eat
自助餐　무한리필

100分
100minutes
100分钟　100분

¥2,980
（税込 ¥3,278）
(Including tax　含税 부가세 포함)

Elementary school students half price, Infants free
小学生半价, 幼儿免费　초등학생 반값, 유아 무료

小学生 半額 / 幼児 無料

・飲み物は別料金となります。Drinks are extra charge. 饮料需额外收费。음료는 별도 요금입니다.
・ラストオーダーは20分前です。Last order is 20 minutes before the closing time.
为关门前 20 分钟。마지막 주문은 종료 시간 20 분 전입니다.
・食べ残しの多い場合は、別途料金をご請求させていただく場合がございます。
If there is a lot of leftover food, there will be an additional charge.
如果您留下很多食物，您将单独收费。남은 음식이 많으면 별도 요금이 부과됩니다.

たべるレストラン　10：00～22：00　TEL：□△×-○○○○
TABERU Restaurant　　住所：○○県□□市やまざと町

19-1

All-you-can-drink
无限畅饮　주류 무한리필

飲み放題

120分
120minutes

¥1,500
（税込 ¥1,650）
(Including tax 含税 부가세 포함)

飲み放題メニュー Drinks menu
饮料菜单 음료 메뉴

ビール Beer	サワー Sour
生ビール Draft Beer	ウーロンハイ Oolong Hai
ノンアルコールビール Non-Alcoholic Beer	レモンサワー Lemon Sour
ウイスキー Whisky	グレープフルーツサワー Grapefruit Sour
ハイボール Highball	カクテル Cocktail
ウイスキー水割り and Water	ジントニック Gin Tonic
ウイスキーロック on the Rocks	カシスオレンジ Cassis Orange
梅酒 Plum Liqueur	カシスウーロン Cassis Oolong
ソーダ割り Soda split	ソフトドリンク Soft Drink
ロック on the Rocks	烏龍茶 Oolong Tea
日本酒 Sake	コーラ Cola
熱燗・冷酒 Hot/Cold	ジンジャーエール Ginger Ale
	オレンジジュース Orange Juice

居酒屋 まるちゃん　17：00～25：00 TEL：□△×-○○○○
Izakaya MARUCHAN　　住所：○○県□□市やまざと町

19-2

TAKEOUT MENU 外带菜单　테이크아웃 메뉴

お持ち帰りメニュー **テイクアウト**

ご注文をいただいてから調理します。出来上がりまでにお時間をいただきます。
We will cook after receiving your order. It will take some time to finish. 我们会在收到您的订单后做饭。您需要一些时间才能完成。
주문을 받은후 요리를 시작합니다. 완성하지 다소 시간이 걸릴 수 있습니다.

中華弁当　¥480（税込 /tax）
Chinese bento 中式午餐 중화요리 도시락

和風弁当　¥580（税込 /tax）
Japanese bento 日本便当 일본요리 도시락

デリ弁当　¥680（税込 /tax）
Deli lunch box 熟食便当 델리 도시락

松花堂弁当　¥1,100（税込 /tax）
Shokado bento 松花堂便当 송화당 도시락

定食 まるちゃん　10：00～21：00　TEL：□△×-○○○○
Diner MARUCHAN　　住所：○○県□□市やまざと町

19-3

Daily Lunch 毎日午餐 오늘의 추천

日替わりランチ

Started!
开始了！
시작했습니다!

平日限定
Only Weekdays
只有工作日
평일 한정

990円（税込）

はじめました

11:30
～
14:30
（L.O. ～14:00）

献立はパネルを
ご覧ください
Today's menu is on the panel
今天的菜单在面板上
오늘의 메뉴는 패널을 확인해 주세요

レストラン とことこ　TEL ○○・□△×・○○○○
Restaurant TOKOTOKO

19-4

炊き立て鉄鍋にサフランが香る
有頭海老とムール貝のパエリア
Shrimp and mussel paella
虾和贻贝海鲜饭　새우와 홍합의 빠에야
1800円（税込）

地中海 지중해 Mediterranean Sea Fair
地中海フェア
公平的 페어

空輸による新鮮手長海老をふんだんに使った
手長海老とあさりのボンゴレパスタ
Scampi and clams vongole bianco
虾和蛤蜊意大利面　새우와 바지락 봉골레 파스타
1500円（税込）

黒い真珠といわれるキャビア添え
アボカドとサーモンのタルタル
Avocado and salmon tartare
鳄梨和三文鱼鞑靼　아보카도와 연어 타르타르
1300円（税込）

20-1

～11：00
モーニングメニュー
早上菜单　모닝 메뉴　各680円（税込）

エッグプレートセット
Egg plate set
蛋盘套装
달걀 플레이트 세트

目玉焼きとハムにミニサラダを添えたプレートです。トーストが1枚つきます。
A plate with a fried egg, ham and a mini salad. Also set one piece of toast.
一盘煎鸡蛋、火腿和迷你沙拉，还放了一片吐司。
달걀 프라이와 햄에 미니 샐러드를 곁들인 플레이트입니다. 토스트도 1장 세트입니다.

チキンサラダセット
Chicken salad set
鸡肉沙拉套餐
치킨 샐러드 세트

グリルチキンを添えたグリーンサラダとドリンクのヘルシーなセットです。
A healthy set of green salad with grilled chicken and a drink.
一套健康的蔬菜沙拉配烤鸡和一杯饮料。
그릴 치킨을 곁들인 그린 샐러드와 음료의 건강한 세트입니다.

Set Drink いずれかお選びください

HOT or ICE	コーヒー・紅茶・ミルク Coffee/Tea/Milk	オレンジジュース Orange juice

20-2

平日 **Weekday limited**　仅限工作日　평일 한정
限定 11:30～14:30 L.O.14:00～
日替わりランチ ¥680
Daily lunch set
平日午餐套餐　평일 점심 정식 （¥748 税込 with tax）

月曜 Monday 星期一 월요일	鶏の唐揚げ タルタルソース添え Fried chicken with tartar sauce　닭 튀김의 타르타르 소스와 함께 ごはん・おしんこ・味噌汁　Rice, pickles, miso soup 米饭, 腌菜, 味噌汤　밥, 오신코, 된장국
火曜 Tuesday 星期二 화요일	豚の生姜焼き Ginger grilled pork　姜汁烤猪肉　돼지 생강 구이 ごはん・おしんこ・味噌汁　Rice, pickles, miso soup 米饭, 腌菜, 味噌汤　밥, 오신코, 된장국
水曜 Wednesday 星期三 수요일	白身魚のフライ タルタルソース添え Fried fish with tartar sauce　塔塔酱炒白鱼　흰 살 생선 프라이 타르타르 소스와 함께 ごはん・おしんこ・味噌汁　Rice, pickles, miso soup 米饭, 腌菜, 味噌汤　밥, 오신코, 된장국
木曜 Thursday 星期四 목요일	鶏の照り焼き Teriyaki chicken　红烧鸡肉　닭 데리야키 ごはん・おしんこ・味噌汁　Rice, pickles, miso soup 米饭, 腌菜, 味噌汤　밥, 오신코, 된장국
金曜 Friday 星期五 금요일	海老フライ タルタルソース添え Fried shrimp with tartar sauce　塔塔酱炸虾　새우 프라이 타르타르 소스와 함께 ごはん・おしんこ・味噌汁　Rice, pickles, miso soup 米饭, 腌菜, 味噌汤　밥, 오신코, 된장국

20-3

欢乐时光　해피 아워
HAPPY HOUR
ハッピーアワー

平日 15:00～18:00 限定
One Drink ¥330
1杯　1잔

ビール・ハイボール・サワー全品
何杯飲でも！
Beer, highball, sour are all eligible!!
适用于啤酒、高球啤酒和酸酒
맥주, 하이볼, 사워 모두 대상

居酒屋はっぴー　年中無休　15:00～23:30
Izakaya Happy　open all year　全年开放 연중무휴

20-4

観光スポット

足湯、座禅体験、イチオシセットメニューのご案内など、観光スポットで使える内容のチラシを集めました。
お寺や神社での参拝方法も紹介しているので、お役立てください。

21-1

22-1

22-2

22-3

22-4

23-1

23-2

23-3

23-4

宿泊・ホテル

大浴場や日帰り入浴、マッサージのご案内をはじめ、宴会プランや周辺グルメマップまで、
旅館やホテルに貼ってあると便利なチラシを掲載しています。

24-1

24-2

24-3

24-4

25-1

25-2

25-3

25-4

ワークショップや交流会、ビジネスセミナーなど、地域で開催される小規模なイベントを
ポスターで告知しましょう。誕生日のお得なサービス案内も、ぜひご活用ください。

26-1

27-1

27-2

27-3

27-4

インバウンド向け活用Tips①

簡単翻訳便利ツール

様々な自動翻訳サービスがあり、日本語しか話せなくても簡単に相手の言語に翻訳できる時代になりました。日本語を入力する際は、平易な言葉や一般的な言い回し、正しい文法を心がけると、翻訳された言葉も相手に伝わりやすいです。

情報発信には SNSを活用しよう

TwitterやInstagramなどのSNSにはユーザーの言語に翻訳する機能があります。お店の宣伝や新着情報の発信にSNSを活用すれば、自動的に世界中にアピールすることができます。投稿の際に重要なのがハッシュタグ選びです。日本人だけでなく世界中の人に情報を届けるには、グローバルなハッシュタグを投稿に必ず付けましょう。

ハッシュタグの例

「#japan」「#tokyo」「#kyoto」
「#japantrip」「#tokyotravel」
「#visitkyoto」「#japanlife」
「#intokyo」「#好吃」「#化妆品」

こんなサービスがあります

Googleから提供されているウェブ版の「Google翻訳」は、日本語から100以上の言語に翻訳され、各言語で音声再生も可能です。入力した文字以外に、WordやPDFなどの文書をアップロードしたり、WebサイトのURLを指定したりするとページをまるごと翻訳することも可能です。

Google翻訳［Web版］
https://translate.google.com/

Google翻訳［アプリ版］

スマートフォンのGoogle翻訳アプリでは、Web版の機能に加え、音声入力が可能です。日本語と翻訳する外国語を設定すれば、お互いの会話をリアルタイムで翻訳してくれます。

Android版

iPhone版

中国語繁体字など新たな言語を追加する

本書は英語、中国語簡体字、韓国語に対応していますが、便利ツールで翻訳すれば、台湾からの観光客に向けた中国語繁体字など、ほかの言語を追加して編集することも可能です。なお、言語を正しく表示するには、言語に対応したフォントを使用する必要があります。

Wordで使用できる 主要なフォント例

中国語
DengXian 你好。歡迎到日本
SimHei 你好。歡迎到日本
Microsoft JhengHei 你好。歡迎到日本
Microsoft Yahei 你好。歡迎到日本

韓国語
Batang 안녕하세요
Gulim 안녕하세요
Gungsuh 안녕하세요
Dotum 안녕하세요

チラシに言語を追加する手順

1 Google翻訳で訳語をコピーします。

※翻訳したい言語がないときは言語名をクリックすると表示される一覧から選択します。

2 103ページの「文字を追加する」を参考にしてチラシに訳語を追加します。

2章

季節のチラシ

四季を大切にする日本の風土に合わせて開催される
様々なイベントのチラシをまとめました。
お祭りの案内やシーズンセール、グルメフェア、イベントなどに
オリジナルの写真や文字情報を差し替えたり、
イラストを追加したりしてお使いください。

ひな祭りやお花見、ゴールデンウィーク、母の日など、
3月から5月にかけての各種イベントで役立つチラシやポスターを掲載しています。

30-1

30-2

30-3

30-4

31-1

31-2

31-3

31-4

32-1

32-2

32-3

32-4

33-1

33-2

33-3

33-4

夏

梅雨シーズンのサービスのお知らせをはじめ、サマーキャンプや夏祭り、盆踊りや花火大会など、
楽しいイベントが満載の夏のチラシを集めました。

34-1

34-2

34-3

34-4

35-1

35-2

35-3

35-4

祭 祭

夏まつり

Summer Festival
夏日祭 여름 축제

2029 7/29・30 13:00〜21:00

屋台
food stalls
小吃摊　포장마차

盆踊り
Bon dance
盆舞　본오도리

29 SAT 14:00〜 子どもみこし
Children`s portable shrine
儿童神轿　어린이 미코시

30 SUN 15:00〜 抽選会
Lottery　抽奖　추첨회

きらり小学校校庭
Kirari Elementary school playground
（小学操场　초등학교 교정）

36-1

夏祭り

Summer Festival
夏日祭　여름 축제

7/29 金 FRI 16:30〜 パレード
Parade　游行　퍼레이드

30 土 SAT 15:00〜 浴衣コンテスト
Yukata contest　浴衣比赛　유카타 콘테스트

31 日 SUN 14:00〜 和太鼓ライブ
Wadaiko Live　日本鼓表演　와다이코 공연

場所 Place 地方 장소　きらり大通り
Kirari Boulevard　大道　대로

主催　夏祭り実行委員会

浴衣コンテスト
◆
◆ ← パレード
和太鼓ライブ

36-2

2029
BON DANCE FESTIVAL

盆踊り大会
玉兰盆节舞蹈比赛　본오도리 대회

7/25
（土）SAT
16:00-21:00

7/26
（日）SUN
17:00-21:00

入場無料
free entrance
免费入场
입장 무료

屋台も出ます
Food stalls
are there
有小吃摊
포장마차 거리

きらり神社境内
Kirari Shrine Precincts(神社区域　신사 경내)

36-3

チケット好評発売中！
Now On Sale!
現已发售！
절찬 판매 중!

FOOD 食物 음식
MUSIC 音乐 음악
WORKSHOP 作坊 워크숍

2029

Summer Festival
夏季音乐节
여름 페스티벌

7/13・14・15

きらりスタジアム
Kirari Stadium　（体育场 경기장）

雨天開催
Held also on
rainy weather
阴雨照常举行
우천시 개최

出演者決定
Acting performers
演员表决定　출연자 결정

REN
青いネコ
きらり★スパイシー

OPEN/10：00
CLOSE/22：00
URL : natsufes.com

お問い合わせ　夏フェス事務局　TEL 00-0000-0000

36-4

37-1

37-2

37-3

37-4

秋

収穫祭やマルシェ、ウォークラリー、紅葉狩りなど、秋の行楽シーズンに向けたポスターを掲載。
ハロウィンイベントの集客にもお役立てください。

38-1

38-2

38-3

38-4

39-1

39-2

39-3

39-4

40-1

40-2

40-3

40-4

41-1

41-2

41-3

41-4

クリスマスやお正月など、大型イベントが控える冬。各種イベントやセールを意識した
ポスターを作成しましょう。春節に特化したチラシも掲載しています。

42-1

42-2

42-3

42-4

43-1

43-2

43-3

43-4

44-1

44-2

44-3

44-4

45-1

45-2

45-3

45-4

インバウンド向け活用Tips❷

二次元コード活用

「QRコード」の名称で広く知られる二次元コードは、スマートフォンのカメラでスキャンして簡単に情報にアクセスできます。二次元コードは世界中で使われており、Googleマップなどのグローバルなサービスへ接続させれば、自動的にユーザーごとの言語で表示してくれます。二次元コードと便利なサービスを組み合わせて活用しましょう。

二次元コード作成サービスの例

QRのススメ https://qr.quel.jp/

Googleマップ
https://www.google.com/maps

目的のお店やイベント会場などを検索してGoogleマップに表示させ、二次元コードを作成しましょう。Googleマップはスマートフォンが普段使っている言語で表示されるので翻訳は不要です。

1 地図を表示して［共有］→［リンクをコピー］を選択します。

2 二次元コード作成サイトで、コピーしたURLの二次元コードを作成しダウンロードします。

QRのススメ 多言語対応QRコード
https://qr.quel.jp/multilingual.php

日本語または英語の文章を二次元コードにするサービスで、スキャンすると英語、中国語、ポルトガル語など20か国以上の言語に自動翻訳されます。日本語300文字まで入力できます。

1 文章を日本語で入力して［送信］→［QRコードを作成］→［ダウンロードする］をクリックします。

2 ダウンロードした二次元コードを読み取ると、入力した文章がユーザーに応じて自動翻訳され表示されます。

指差しコミュニケーションシートの使い方

本書の60ページに掲載している「指差しコミュニケーションシート」は、外国語がわからなくても書かれた言葉を指で指し示すことでコミュニケーションがとれるシートです。英語、中国語（簡体字）、韓国語の3種類のシートを用意しています。

こんな使い方ができます

step 1

「60-1」のシートを相手に見せ、理解できる言語を選んでもらいます。

step 2

各言語のシートで会話をします。例えば、相手の質問が「荷物を預かってもらえますか？」の場合、「はい」「無料です」などを指差して回答します。

Wordファイルなので内容の書き換えも可能です。

3章

案内・看板

レジでの支払いや営業時間の案内、禁止事項や
注意事項を盛り込んだものなど、
様々な店舗や公共スペースで汎用的に使える素材を集めました。
感染対策に関する内容やインバウンドに特化したものなど、
幅広いシーンに対応する素材がいっぱいです。

飲食店にて注文に関する様々な案内をはじめ、店舗での値引きセールのPOP、会計時の注意書きなど、屋内で使えるポスターやPOPを掲載しています。

お客様へ **To customers**
致顾客 고객님께

Please order at least 1 dish per person

请每人至少点1道菜

1인당 1메뉴 이상 주문해 주세요

おひとり様1品以上の
注文をお願いします

48-1

注文はこちらで
お願いします
Please order here
请在这里购买
여기서 주문해 주세요

49-1

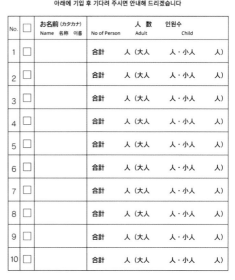

Waiting List
受付表

ご案内しますので、こちらに記入してお待ちください
Please fill out here and wait to be seated
请填写此表格并等待我们为您提供服务
아래에 기입 후 기다려 주시면 안내해 드리겠습니다

No.	☐	お名前 (カタカナ) Name 名称 이름	人 数 인원수			
				No of Person	Adult	Child
1	☐		合計	人 (大人	人・小人	人)
2	☐		合計	人 (大人	人・小人	人)
3	☐		合計	人 (大人	人・小人	人)
4	☐		合計	人 (大人	人・小人	人)
5	☐		合計	人 (大人	人・小人	人)
6	☐		合計	人 (大人	人・小人	人)
7	☐		合計	人 (大人	人・小人	人)
8	☐		合計	人 (大人	人・小人	人)
9	☐		合計	人 (大人	人・小人	人)
10	☐		合計	人 (大人	人・小人	人)

49-2

お水は
セルフサービスで
お願いします

Please help yourself
to water
水是自助服务
물은 셀프 서비스입니다

49-3

餐券　Meal Ticket　식권
食 券

食券を
お買い求めください
Please purchase meal tickets
请购买餐券
식권을 구입해 주십시오

49-4

Please return your used dishes here
用餐后请将餐具放在此处
식사가 끝난 식기는 이쪽으로 가져다 주십시오

食べ終わりましたら、
食器はこちらに
お戻しください

50-1

イートインスペース
は
こちらです

Dining space is right here
这里是用餐空间
식사 공간은 이쪽입니다

50-2

店外からの
飲食物の持ち込みは
ご遠慮ください

No outside food or
drinks allowed

请勿携带外面食物和饮料进入

외부 음식 이나 음료 반입 금지

50-3

お持ち帰り
できます

TAKE OUT OK
可外带
테이크 아웃 가능 합니다

50-4

飲食物の持ち込み OKです

Bring Your Own Food & Drinks is OK

可以自带食物和饮料

식음료 반입 가능

51-1

可以自带酒水　술 반입 가능

Bring Your Own

BYO

お酒の持ち込み
できます

持ち込み料
（开瓶费　Charge　콜키지）

1本（瓶酒 Bottle 병）
¥1000

51-2

牛肉不使用
No Beef
不使用牛肉
쇠고기 미사용

豚肉不使用
No Pork
不使用猪肉
돼지고기 미사용

[各A7 POPサイズ]

51-3

ベジタリアンメニューあります
有素食菜品
채식 메뉴 있습니다

There are vegetarian dishes

51-4

レジ袋は
有料です

S ¥3
L ¥5

There is a charge
for shopping bags
购物袋是要付费的
봉투는 유료입니다

52-1

ギフトラッピング
承ります 有料

Gift Wrapping Available（Charge）
提供礼品包装（付费的）
선물포장 가능 (유료)

ご希望の方はレジまで
お申し付けください

please ask at the cash register
如果您需要、请在收银台询问
선물 포장하실 분은 계산대에서 말씀해 주십시오

52-2

ご自由に
お取りください

Feel free to
take one

请您自由取用

자유롭게 가져가세요

52-3

ご利用料金

PRICE LIST 使用费 이용요금 平日・土日祝	Weekdays 平日 평일 平日	Weekend/Holiday 周六、周日、节假日 토, 일, 공휴일 土日祝
Child 孩子 어린이 こども	¥500	¥800
Adult 成人 어른 おとな	¥1000	¥1300
Additional fee 追加费用 추가요금 追加料金	¥100 / 10分	10 min. 10分钟 10 분

52-4

[ページ内 A6 POPサイズ]

53-1

53-2

53-3

53-4

※中国語では割引後の価格割合で
表すため「8割」と表記します。

53-5

53-6

53-7

53-8

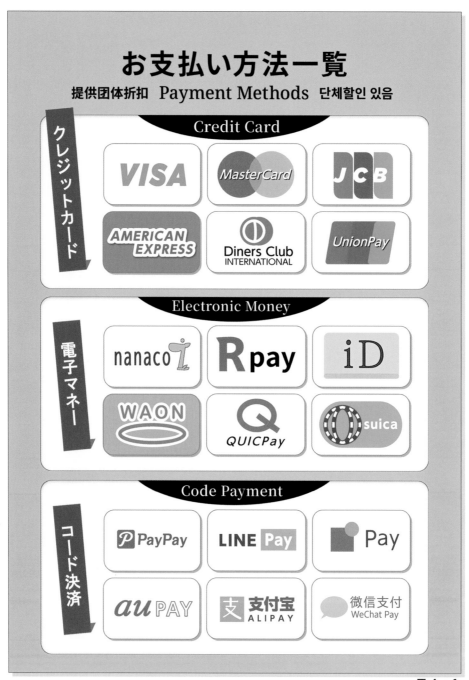

お支払い方法一覧

提供団体折扣　Payment Methods　単体割引 ある

Credit Card

クレジットカード

VISA　MasterCard　JCB
AMERICAN EXPRESS　Diners Club INTERNATIONAL　UnionPay

Electronic Money

電子マネー

nanaco　Rpay　iD
WAON　QUICPay　suica

Code Payment

コード決済

PayPay　LINE Pay　Pay
auPAY　支付宝 ALIPAY　微信支付 WeChat Pay

54-1

ロゴマークはイメージです。各社の公式データをダウンロードして貼り付けてご使用ください。

55-1

55-2

55-3

55-4

56-1

56-2

56-3

56-4

ベルで
お呼び
ください

Please ring the bell

请按铃

벨로 불러 주세요

57-1

両替機

¥1000

Bill-to-Coin Changer
换钞机
지폐교환기

57-2

サービス料として
10%いただきます

**There is a 10%
service charge**
将收取 10% 作为服务费

서비스 요금으로 10%
부과됩니다

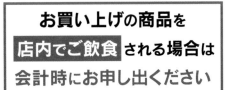

レストラン
あけぼの
Restaurant
AKEBONO

57-3

お買い上げの商品を
店内でご飲食 される場合は
会計時にお申し出ください

**Please let cashier know
if you plan to eat or drink
the purchased items in the store**

如果您想在店内食用或饮用所购买的商品，
请告知收银员

구입한 상품을 가게 내에서 드실 경우
계산 시 알려주십시오

お持ち帰り	
TO GO　外帯　테이크아웃	
消費税 TAX	**8 %**

店内で飲食	
TO HERE　店内　매장 취식	
消費税 TAX	**10 %**

※軽減税率の適用期間をご確認の上ご利用ください。

57-4

免税をはじめ、外国語が話せるスタッフの案内など、インバウンドに特化した内容のポスターが充実。
便利な指差しコミュニケーションシートも収録しています。

THIS IS A TAX FREE SHOP

当店は
免税店です

免税店
면세점

**合計5000円（税抜）以上の
免税商品に適応されます**

**Applies to duty-free products totaling over
¥5000 (excluding tax)**

**适用于合计 5000 日元（不含税）或以上的
免税商品**

**구입 금액의 합계가 5000 엔 (세금 별도)
이상의 면세 대상품에 대해서 적응됩니다**

58-1

外国語が話せる スタッフがいます

We have staff who speak foreign languages

我们有会讲外语的工作人员

외국어를 가능한 스태프가 있습니다

> English
> 中文
> 한국어

59-1

外国語の メニューあります

English menu available
有中文菜单
한국어 메뉴가 있습니다

> Menu
> 菜单
> 메뉴

59-2

海外発送できます

Overseas Shipping

Service Available

可邮寄海外

해외 발송 합니다

59-3

If you need spoon or fork, please ask the staff

スプーン・フォークが必要な場合は、スタッフまでお声がけください

如果您需要勺子或叉子，请询问工作人员

숟가락 포크가 필요한 경우 직원에게 문의하십시오

59-4

60-1

指差し コミュニケーションシート

何かお困りですか？

これは会話の代わりに、指でさしてコミュニケーションをするためのシートです。
このシートであなたと簡単な会話ができます。理解できる言語はありますか？

May I help you?

This is a sheet for pointing and communicating instead of talking. This sheet allows me to have a simple conversation with you. Is there any language you understand?

英語 English

有什么能帮您的吗？

这是一张用于指点和交流而不是说话的床单.
这张纸可以让我和你进行一次简单的对话.
有你懂的语言吗？

中国語（簡体字）简体中文

무엇을 도와드릴까요？

이것은 손가락으로 가리켜 의사소통을 하는 시트입니다.
이 시트를 사용하며 간단한 대화를 나눌 수 있습니다.
이 중에 이해할 수 있는 언어가 있습니까？

韓国語 한국어

60-2

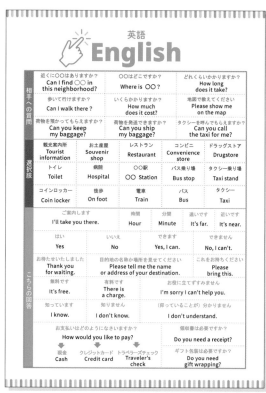

英語 English

相手への質問

近くに○○はありますか？ Can I find ○○ in this neighborhood?	○○はどこですか？ Where is ○○?	どれくらいかかりますか？ How long does it take?
歩いて行けますか？ Can I walk there?	いくらかかりますか？ How much does it cost?	地図で教えてください Please show me on the map
荷物を預かってもらえますか？ Can you keep my baggage?	荷物を発送できますか？ Can you ship my baggage?	タクシーを呼んでもらえますか？ Can you call the taxi for me?

選択肢

観光案内所 Tourist information	お土産屋 Souvenir shop	レストラン Restaurant	コンビニ Convenience store	ドラッグストア Drugstore
トイレ Toilet	病院 Hospital	○○駅 ○○ Station	バス乗り場 Bus stop	タクシー乗り場 Taxi stand
コインロッカー Coin locker	徒歩 On foot	電車 Train	バス Bus	タクシー Taxi

こちらの回答

ご案内します I'll take you there.	時間 Hour	分間 Minute	遠いです It's far. / 近いです It's near.
はい Yes	いいえ No	できます Yes, I can.	できません No, I can't.
お待たせいたしました Thank you for waiting.	目的地の名称や場所を見せてください Please tell me the name or address of your destination.		これをお持ちください Please bring this.
無料です It's free.	有料です There is a charge.	お役に立てずすみません I'm sorry I can't help you.	
知っています I know.	知りません I don't know.	（仰っていることが）分かりません I don't understand.	

お支払いはどのようになさいますか？ How would you like to pay?	領収書は必要ですか？ Do you need a receipt?
現金 Cash / クレジットカード Credit card / トラベラーズチェック Traveler's check	ギフト包装は必要ですか？ Do you need gift wrapping?

60-3

中国語（簡体字）简体中文

相手への質問

近くに○○はありますか？ 附近有○○吗？	○○はどこですか？ ○○在哪里？	どれくらいかかりますか？ 需要多长时间？
歩いて行けますか？ 能走着去吗？	いくらかかりますか？ 它要多少钱？	地図で教えてください 请在地图上指给我看。
荷物を預かってもらえますか？ 这里可以寄存行李吗？	荷物を発送できますか？ 你能运送我的包裹吗？	タクシーを呼んでもらえますか？ 能帮我叫出租车吗？

選択肢

観光案内所 旅游导览处	お土産屋 土特产店	レストラン 餐厅	コンビニ 便利店	ドラッグストア 药店
トイレ 洗手间	病院 医院	○○駅 ○○车站	バス乗り場 公交车站	タクシー乗り場 出租车乘车处
コインロッカー 投币式储物柜	徒歩 步行	電車 电车	バス 公交车	タクシー 出租车

こちらの回答

ご案内します 我带您去吧。	時間 时间	分間 分钟	遠いです 很远。 / 近いです 很近。
はい 是的	いいえ 不是	できます 我能。	できません 我不能。
お待たせいたしました 让您久等了。	目的地の名称や場所を見せてください 请给我看一下目的地的名称或地址。		これをお持ちください 请带上这个。
無料です 免费。	有料です 收费。	お役に立てずすみません 抱歉没有帮助。	
知っています 我知道。	知りません 不知道。	（仰っていることが）分かりません 我不明白。	

お支払いはどのようになさいますか？ 你怎么支付？	領収書は必要ですか？ 你需要收据吗？
現金 现金 / クレジットカード 信用卡 / トラベラーズチェック 旅行支票	ギフト包装は必要ですか？ 需要礼品包装吗？

60-4

韓国語 한국어

相手への質問

近くに○○はありますか？ 이 근처에 ○○이/가 있습니까？	○○はどこですか？ ○○은/는 어디입니까？	どれくらいかかりますか？ 얼마나 걸립니까？
歩いて行けますか？ 여기에서 걸어서 갈 수 있습니까？	いくらですか？ 얼마예요？	地図で教えてください 지도를 이용해서 알려주세요
荷物を預かってもらえますか？ 짐을 맡아주실 수 있습니까？	荷物を発送できますか？ 짐을 보낼 수 있습니까？	タクシーを呼んでもらえますか？ 택시를 불러 주시겠어요？

選択肢

観光案内所 관광안내소	お土産屋 기념품 판매점	レストラン 레스토랑	コンビニ 편의점	ドラッグストア 약국
トイレ 화장실	病院 병원	○○駅 ○○역	バス乗り場 버스 정류장	タクシー乗り場 택시 승강장
コインロッカー 물품보관함	徒歩 도보	電車 전철	バス 버스	タクシー 택시

こちらの回答

ご案内します 안내해 드리겠습니다	時間 시간	分間 분	遠いです 멀어요 / 近いです 가까워요
はい 네	いいえ 아니요	できます 할 수 있어요	できません 할 수 없어요
お待たせいたしました 오래 기다리셨습니다	目的地の名称や場所を見せてください 목적지 이름이나 주소를 보여 주세요		これをお持ちください 이것을 가져가세요
無料です 무료예요	有料です 유료예요	お役に立てずすみません 도와드리지 못해 죄송합니다	
知っています 알고 있습니다	知りません 모릅니다	（仰っていることが）分かりません 잘 모르겠습니다	

お支払いはどのようになさいますか？ 결제는 어떻게 하시겠습니까？	領収書は必要ですか？ 영수증이 필요합니까？
現金 현금 / クレジットカード 신용카드 / トラベラーズチェック 여행자 수표	ギフト包装は必要ですか？ 선물 포장이 필요합니까？

指差しコミュニケーションシートの使い方は46ページのコラムで紹介しています。

マスクの着用から手指の消毒、ソーシャルディスタンスの確保など、感染対策への協力のお願いといった新型コロナウイルスに関連した案内をまとめました。

61-1

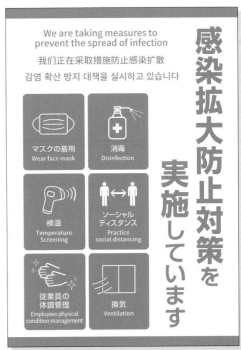

61-2

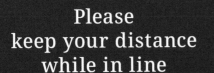
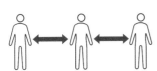

61-3

61-4

マスクの着用を
お願いします

PLEASE WEAR
FACE MASK

请戴口罩

마스크를 착용해
주십시오

[A6 POPサイズ] 62-1

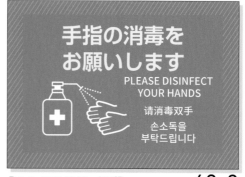

手指の消毒を
お願いします

PLEASE DISINFECT
YOUR HANDS

请消毒双手

손소독을
부탁드립니다

[A6 POPサイズ] 62-2

検温にご協力
ください

Please check your
temperature

请配合测量体温

체온을 측정해 주십시오

[A6 POPサイズ] 62-3

体調が優れない方は
入店をお控えください

Please refrain from entering
if you are not feeling well

如果你感觉不舒服，请您不要进店

컨디션이 좋지 않은 분은 입점을 삼가해주십시오

発熱	喉の痛み	咳
Fever	Sore throat	Cough
发烧	喉咙疼痛	咳嗽
발열	인후통	기침

62-4

新型コロナ
ワクチン接種
証明書を
ご提示ください

Please show us
your COVID-19 Vaccination Certificate
请出示您的 COVID-19 疫苗接种证明
COVID-19 백신 접종 증명서를 제시해 주세요

62-5

実施中

新型コロナ
ワクチン
接種証明
優待サービス

COVID-19 Vaccination Certificate
preferential service

COVID-19 疫苗接种证价服务

예방 접종 증명 우대 서비스

▶詳しくはスタッフまで
Please ask staff for more information
详细情况请询问工作人员
자세한 내용은 직원에게 문의하십시오

62-6

近隣にある駐車場や出入口、順路をはじめ、バリアフリー、営業時間や定休日のお知らせなど、屋外の目につく場所に貼ってお客様を案内するチラシを集めました。

車でお越しのお客様は 下記の駐車場をご利用ください

P 駐車場のご案内

Parking Available　有停车场　주차 가능

YOU ARE HERE
現在地

Akebono Restaurant
あけぼのレストラン
☎ 00-0000-0000

63-1

ペットを連れての ご入店は ご遠慮ください

NO PETS ALLOWED

禁止携带宠物入内

반려동물 출입금지

63-2

トイレのみの ご利用は ご遠慮ください

请不要只使用 洗手间

화장실만의 이용은 거절하고 있습니다

Please refrain from only using the restroom

63-3

車椅子のまま ご入店できます

Wheelchair Accessible

本店无障碍

휠체어 통행 가능합니다

補助犬同伴 できます

Service Dogs Welcome

协助犬可入内

보조견 동반할 수 있습니다

63-4

64-1

64-2

64-3

64-4

64-5

64-6

営業時間の
Opening Hours
営業時間　영업시간

月－金 MON-FRI 周一至周五 월-금	土 周六 토 SAT
10:30 ~ 20:00	**10:30 ~ 20:00**

| 定休日 CLOSED 定休日 정기 휴일 | 日曜日 | SUN 星期日 일요일 |

ご案内

あけぼの商店
Akebono Store

65-1

診療時間
Consultation Hours
诊疗时间
진찰시간

9：00 ～ 12：00

15：00 ～ 17：00

日曜・祝日は休診となります。

Closed on Sunday and Public Holidays
医院的停诊日是星期日节日
일요일과 공휴일은 휴진입니다

あけぼのクリニック
Akebono Clinic

TEL 00-0000-0000

65-2

65-3

65-4

毎週日曜日

本日定休日

SUNDAYS
每个星期天
매주 일요일

CLOSED
今日店休
정기휴일

66-1

本日の営業は終了いたしました

SORRY, WE'RE CLOSED TODAY

今天的营业结束了

금일 영업이 종료되었습니다

またのお越しをお待ちしております

We look forward to seeing you again

期待您再次光临

우리는 당신을 다시 만나기를 기대합니다

カフェ あけぼの　Cafe Akebono

66-2

一般営業はお休みとなります

本日貸切

We're closed for a private event

今天包场、一般业务关闭

금일 단체 예약으로 인하여 일반 영업은 휴무입니다

お客様にはご迷惑をおかけします

66-3

誠に勝手ながら

本日臨時休業とさせていただきます

Sorry, but we are temporarily closed today

很抱歉，今天将暂时关闭

죄송합니다. 금일 임시 휴업합니다

ご理解のほどよろしくお願いいたします

あけぼのストア
AKEBONO STORE

66-4

67-1

67-2

67-3

67-4

68-1

68-2

68-3

68-4

68-5

68-6

禁煙や撮影禁止、土足厳禁、立入禁止など、守ってほしい注意事項やマナーをまとめて掲載しています。目立つ場所に貼って、注意を促しましょう。

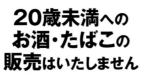

**20歳未満への
お酒・たばこの
販売はいたしません**

It is illegal to sell alcohol or tobacco
to anyone under the age of 20

酒精和烟草不能卖给20岁以下的人

20세 미만에게 술·담배 판매는 하지 않습니다

69-1

喫煙所

Smoking Area

吸烟处

흡연 구역

69-2

NO SMOKING
禁止吸烟
金烟

**禁 煙
です**

69-3

ご協力をお願いします

禁煙

NO SMOKING

禁止吸烟　　金烟

加熱式タバコもご遠慮ください

69-4

**返品・交換は
できません**

No Return,
No Exchange
不能退, 不能换
반품 불가, 교환 불가

69-5

**防犯カメラ
作動中**

Security Camera in Operation

监控摄像头运作中

감시 카메라 작동 중

69-6

DO NOT TOUCH 请勿触摸
만지지 마세요

70-1

Please turn off
your cell phones

请关闭手机电源

휴대폰을 꺼주세요

70-2

写真を撮らないでください
撮影禁止
No Photo ｜ 禁止拍照 ｜ 촬영 금지

[A7 POPサイズ]　　　**70-3**

写真を撮らないでください
撮影禁止
No Photos
禁止拍照
촬영 금지

70-4

No Food or Drink
请勿饮食
음식물 반입 금지

70-5

No Food or Drinks Allowed
请勿饮食
취식은 삼가 주십시오

70-6

71-1

71-2

71-3

71-4

71-5

71-6

再入場できません

No re-entry
不能重新入場
재입장 불가

72-1

土足厳禁

No Street Shoes
禁止穿鞋入内
외부 신발 금지

靴を脱いでください
Please take off your shoes
请脱鞋
신발을 벗어 주세요

72-2

駐輪禁止

ここに
停められると
迷惑です！

NO BICYCLE
PARKING ALLOWED
禁止停放自行车
자전거 주차 금지

72-3

私有地のため
PRIVATE PROPERTY 私有土地 사유지

駐車禁止

NO PARKING

禁止停车　　주차 금지

72-4

NOTICE

お客様への
⚠️ お願い P

30分以上の駐車は
ご遠慮願います

No Parking more than 30 minutes
禁止停车超过30分钟
30 분 이상 주차 금지

あけぼのストア
AKEBONO STORE

72-5

ご利用できません

DO NOT USE
请勿使用
사용 금지

72-6

お箸の持ち方から、食券の買い方、お風呂のマナー、浴衣の着方、トイレの使い方まで、
日本の文化に馴染みのない方だと苦労しがちな事柄を掲載しています。

How to use chopsticks お箸の持ち方

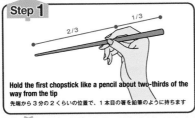

Step 1

Hold the first chopstick like a pencil about two-thirds of the way from the tip
先端から3分の2くらいの位置で、1本目の箸を鉛筆のように持ちます

Step 2

Hold the second chopstick firm and stationary with the thumb and ring finger
2本目の箸は親指と薬指でしっかりと固定して持ちます

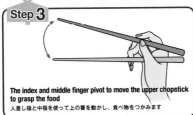

Step 3

The index and middle finger pivot to move the upper chopstick to grasp the food
人差し指と中指を使って上の箸を動かし、食べ物をつかみます

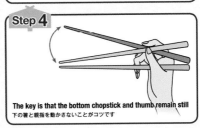

Step 4

The key is that the bottom chopstick and thumb remain still
下の箸と親指を動かさないことがコツです

73-1

注文するには食券をお買い求めください

Please purchase a meal ticket to order
请购买餐券点餐　주문하려면 식권을 구입하세요

How to purchase a meal ticket　食券の買い方　餐券的购买方法　식권 사는 방법

 1

注文するものが
決まったら、
必要なお金を入れます

Insert the money required for the purchase

当你决定了你的选择后，投入需要的钱

주문을 결정했으면 필요한 돈을 넣어 주세요

 2 MENU

目的のボタンを押します。
複数の注文がある場合は
続けてボタンを押します

Press the desired button. If there are more than one, press the button continuously

按所需的按钮。如果有多个选择，请连续按下按钮

원하는 버튼을 눌러 주세요．주문이 여러건일 경우 버튼을 연속으로 눌러 주세요

 3 おつり TICKET

最後におつりボタンを
押します。食券を取り、
スタッフに渡してください

Finally press the change button. Take a meal ticket and give it to the staff

最后按下找钱按钮。取餐券交给工作人员

마지막으로 잔돈 버튼을 눌러 주세요．식권을 들고 직원에게 건네주세요

73-2

ざるそばの食べ方
How to eat Zaru Soba（cold buckwheat noodles）
冷荞麦面的吃法　　냉메밀 먹는 방법

1
おちょこにつゆと薬味を入れます
Put sauce and condiments in the cup
汤汁和佐料放入杯中
디핑 소스와 양념을 컵에 찍습니다

2
そばをつまみ、つゆにつけます
Pick up a chuck of Soba, dip into the sauce cup
夹起一筷子荞麦面，浸入汤汁杯中
국수를 한 젓가락 집어 소스에

3
音を立てて食べましょう
Let's eat with noise
发出声音的同时吃荞麦面
소리를 내며 먹습니다

4
残ったつゆにそば湯を入れて飲みます
Pour Sobayu into remaining dipping sauce, drink it
将少许荞麦汤倒入剩下的汤汁中，喝掉
소바유를 남은 소스에 섞어서 먹습니다

74-1

替え玉の食べ方
How to eat "Kaedama"
Kaedama（加面）的注意点　　Kaedama 방법

替え玉とは、ラーメンを食べ終えてからもう少し食べたいときに、スープを残した状態で麺のみを追加する方法です

Kaedama is a method of adding just noodles while leaving the soup when you've finished eating and want a little more

Kaedama 是一种在吃完拉面后想再吃一些时，留一些汤只追加面条的方法

Kaedama는 라면을 다 먹고 좀 더 먹고 싶을 때 스프를 남긴 상태에서 국수만을 추가하는 방법입니다

1 麺を食べます
Eat noodles
吃面条
국수를 먹습니다

2 替え玉を注文します
Order Kaedama
追加面条 Kaedama
Kaedama 를 주문합니다

3 スープに替え玉を入れて食べます
Put Kaedama in the soup and eat it
把它放在汤里吃
수프에 넣고 먹습니다

74-2

74

75-1

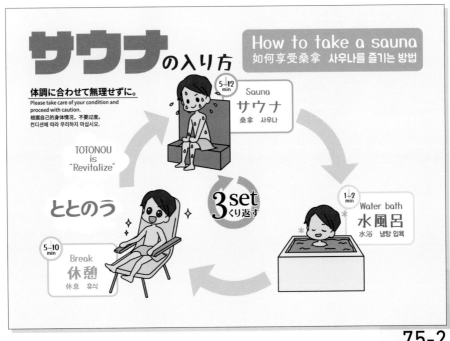

75-2

How to wear a yukata
浴衣的穿法
유카타를 입는 법
ゆかたの着方

1. ゆかたを着る Wear a yukata 穿浴衣 유카타를 입습니다

立った状態で、右側の衣を左の腰に巻きつけて抑えておく。

While standing, wrap the right side of the cloth around the left waist to hold it down.

站立时，将右衣的右侧缠绕在左腰上并按住。

여자는 상태에서 왼쪽 오른쪽을 왼쪽 허리에 감아서 누르십시오.

反対側の衣を上に重ねるようにして巻き付け、ずれないように抑えておく。

Wrap the cloth on the other side so that it does not shift.

将背面衣摆缠至另一边并固定到位。

반대측의 우를 위에 겹쳐도록 하여 감아, 어긋나지 않게 억제해 둡니다.

2. 帯を結ぶ Tie an obi 系腰帯 띠를 묶습니다

女性はウエストのやや上、男性は腰の位置に結ぶ。

Tie slightly above the waist for women and below the waist for men.

女性系在腰部以上，男性系在腰部以下。

여자는 허리의 약간 위, 남성은 허리 아래에서 매듭을 묶습니다.

衣を抑えたまま、帯の中心をへそに当てて体を一周させる。

Keeping your front pressed, place the center of the obi on your navel and wrap around your body.

保持衣服向下压，将腰带的中心放在肚脐处，然后缠绕在身体上。

옷을 감은 채, 띠의 중심을 배꼽에 대고 몸을 한바퀴 돕니다.

しっかりと帯を引き締めて、右側が上に出るように一度結ぶ。

Tighten the obi tightly and tie it once so that the right side goes up.

紧紧系紧腰带一次，使右侧向上。

단단히 띠를 조이고 오른쪽이 위로 나오도록 한 번 묶습니다.

リボン結びをする。

Tie a bow.

系蝴蝶结。

나비 매듭을 합니다.

3. 結び目を背面に回す Turn the knot to the back 把结转到后面 매듭을 뒤로 돌리십시오

時計回りで、結び目を背面に回す。女性は前のままでもかわいい。

Tie slightly above the waist for women and below the waist for men.

顺时针方向，将结向后转动。女人本来就是可爱的。

시계 방향으로 매듭을 뒷면으로 돌립니다. 여자는 전 그대로도 귀엽습니다.

76-1

⚠ WARNING ⚠
Earthquake occurrence
地震発生
地震发生
지진 발생

強い揺れに備えてください！
Prepared for strong tremors!
为强烈的震动做好准备！
강한 흔들림에 대비하십시오！

姿勢を低くし、頭部を保護してください！
Stay close to the ground and protect your head!
保持低位并保护头部！　자세를 낮추고 머리를 보호하십시오！

76-2

⚠ WARNING ⚠
Fire breakout
火災発生
发生火灾
화재 발생

係員の指示に従って避難してください
Please evacuate according to the instructions of the staff
请按照工作人员的指示避难　　직원의 지시에 따라 대피하십시오

エレベーターは使用できません　电梯不可用
Elevator not available　　엘리베이터는 사용할 수 없습니다

76-3

⚠ WARNING ⚠
Please Evacuate 请疏散 대피하십시오
避難してください

係員の指示に従って避難してください
Please evacuate according to the instructions of the staff
请按照工作人员的指示避难　　직원의 지시에 따라 대피하십시오

エレベーターは使用できません　电梯不可用
Elevator not available　　엘리베이터는 사용할 수 없습니다

76-4

77-1

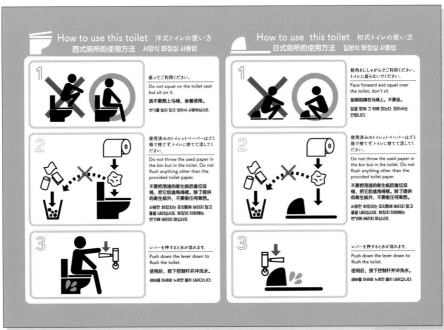

77-2

食材

メニューに使用している食材の一覧と、食物アレルギーの有無を知らせるシートを
作成しました。食物を提供する際にお役立てください。

きのこハンバーグ

蘑菇汉堡牛排　**Mushroom Hamburg steak**　　버섯 햄버그 스테이크

■ 主にこちらの食材を使用しています ■
Main ingredients used
使用的主要成分　주로 이 재료를 사용하고 있습니다

牛肉 Beef	豚肉 Pork	魚 Fish	きのこ類 Mushrooms	牛乳 Milk

卵 Egg	小麦 Wheat	ナッツ Nuts	酒 Alcohol	はちみつ Honey

78-1

食べられない食物はございますか？

有没有不能吃的食物？　**Is there anything you cannot eat?**　못 드시는 식재료가 있나요?

牛肉	豚肉	鶏肉	羊肉	魚	貝
Beef	Pork	Chicken	Mutton	Fish	Shellfish

エビ・カニ	タコ	イカ	きのこ類	牛乳	卵
Shrimp/Crab	Octopus	Squid	Mushrooms	Milk	Egg

小麦	そば	ナッツ類	酒	はちみつ	生もの
Wheat	Buckwheat	Nuts	Alcohol	Honey	Raw food

78-2

4章

パーツカタログ

チラシ・POPで使われているイラストと文字パーツを
フォルダごとにわかりやすく掲載しています。
アレンジしやすい背景やフレームも種類が豊富です。
ここに紹介していない未掲載パーツもたくさんあるので、
各フォルダをチェックしてみてください。

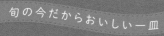

ここだけ！
当店限定

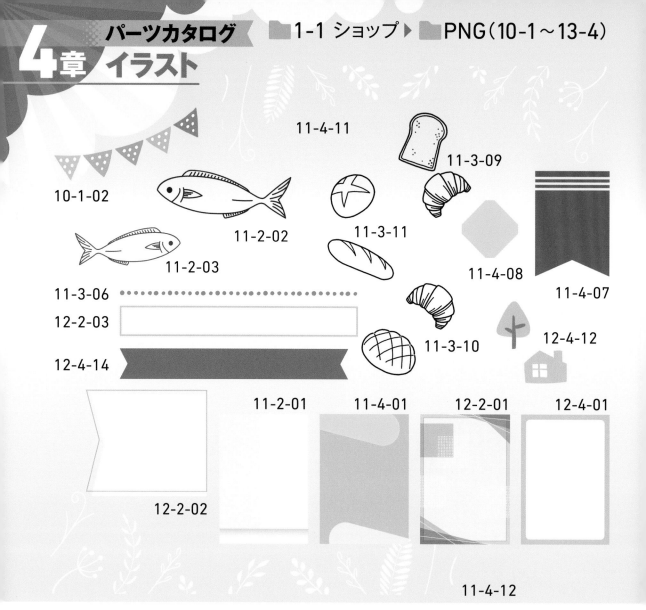

11-4-11

11-3-09

10-1-02

11-2-02

11-2-03

11-3-11

11-4-08

11-4-07

11-3-06

12-2-03

11-3-10

12-4-12

12-4-14

11-2-01

11-4-01

12-2-01

12-4-01

12-2-02

11-4-12

■ 1-2 POPラベル ▶ ■ PNG（14-1〜15-8）

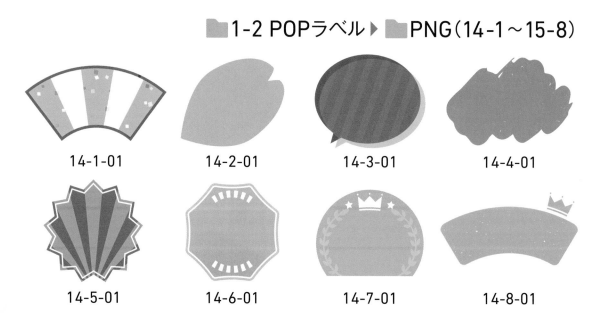

14-1-01

14-2-01

14-3-01

14-4-01

14-5-01

14-6-01

14-7-01

14-8-01

16-1-02

18-1-04

20-2-06

19-2-13

18-3-05

19-2-12

19-2-14

18-1-05

17-1-05

17-1-06

17-1-09

17-4-02

20-4-05

19-4-03

20-4-03

16-1-09

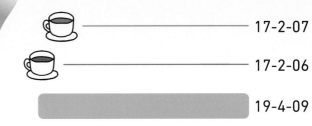

17-2-07

17-2-06

20-2-02

19-4-09

18-1-03

20-4-02

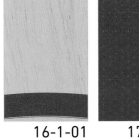
16-1-01

17-1-01

17-2-01

17-4-01

18-1-01

19-1-01

19-2-01

19-3-01

19-4-01

20-1-01

20-2-01

20-4-01

※掲載しているパーツは収録素材の一部です。詳しくは本書5ページを参照ください。

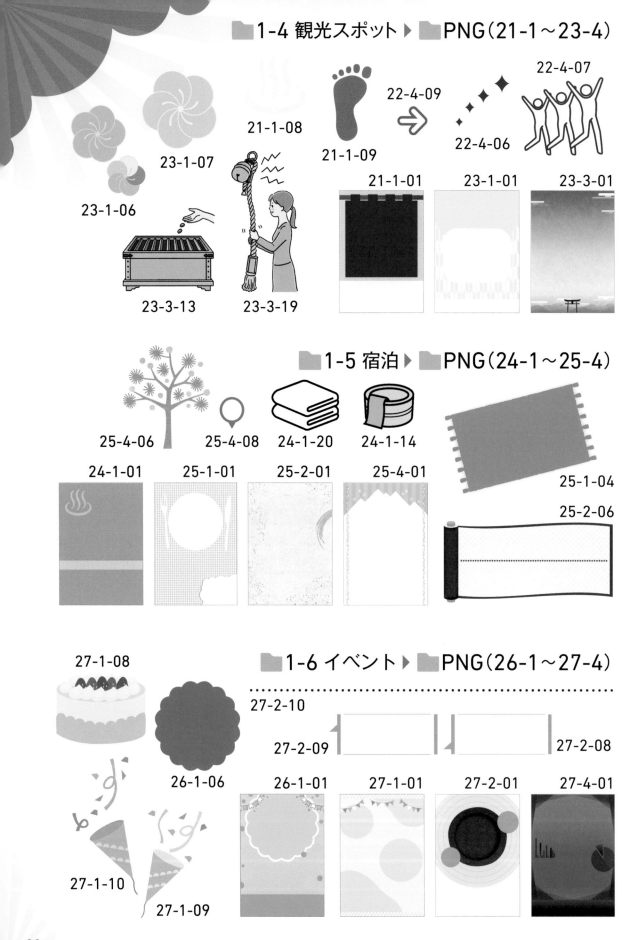

■ 1-4 観光スポット ▶ ■ PNG（21-1〜23-4）

23-1-07

23-1-06

21-1-08

21-1-09

22-4-09

22-4-06

22-4-07

23-3-13

23-3-19

21-1-01

23-1-01

23-3-01

■ 1-5 宿泊 ▶ ■ PNG（24-1〜25-4）

25-4-06

25-4-08

24-1-20

24-1-14

25-1-04

24-1-01

25-1-01

25-2-01

25-4-01

25-2-06

27-1-08

26-1-06

■ 1-6 イベント ▶ ■ PNG（26-1〜27-4）

27-2-10

27-2-09

27-2-08

27-1-10

27-1-09

26-1-01

27-1-01

27-2-01

27-4-01

2-1 春 ▶ PNG（30-1〜33-4）

30-3-13
30-3-10
30-4-08
30-3-03
30-4-11
30-3-11
33-1-07
32-2-08
32-2-09
33-1-10
30-2-04
30-2-05

30-2-01
30-3-01
30-4-01
32-2-01
33-1-01

2-2 夏 ▶ PNG（34-1〜37-4）

35-1-10
35-1-12
36-1-06
35-4-10
35-2-08
35-4-09
36-1-08
35-4-08
35-2-07
36-1-07
34-2-10
34-2-01
35-1-01
35-2-01
36-1-01
34-2-11

※掲載しているパーツは収録素材の一部です。詳しくは本書5ページを参照ください。

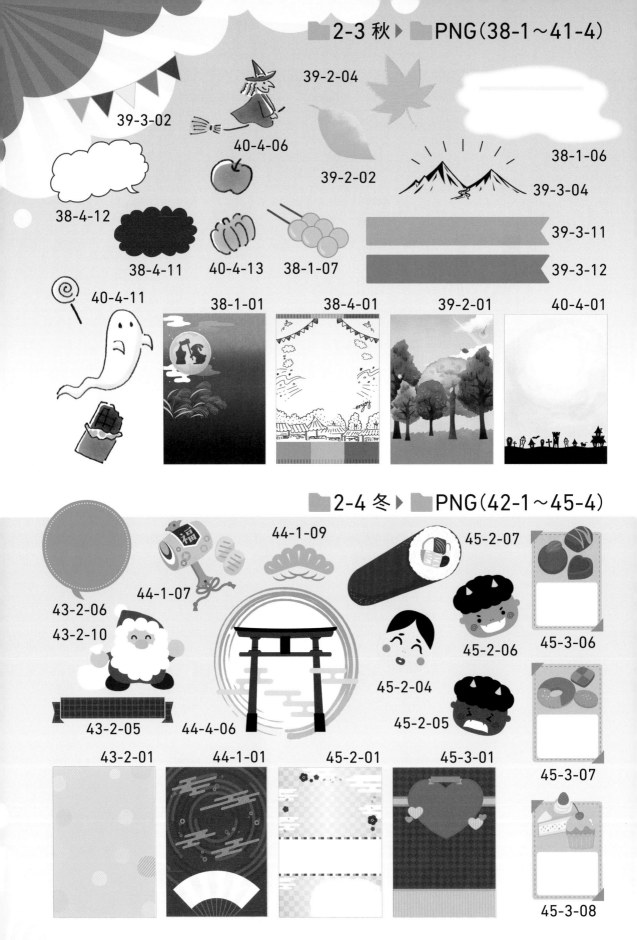

2-3 秋 ▶ PNG（38-1〜41-4）

39-2-04
39-3-02
40-4-06
39-2-02
38-1-06
39-3-04
38-4-12
38-4-11
40-4-13
38-1-07
39-3-11
39-3-12
40-4-11
38-1-01
38-4-01
39-2-01
40-4-01

2-4 冬 ▶ PNG（42-1〜45-4）

44-1-09
45-2-07
44-1-07
43-2-06
43-2-10
45-2-06
45-3-06
45-2-04
43-2-05
44-4-06
45-2-05
45-3-07
43-2-01
44-1-01
45-2-01
45-3-01
45-3-08

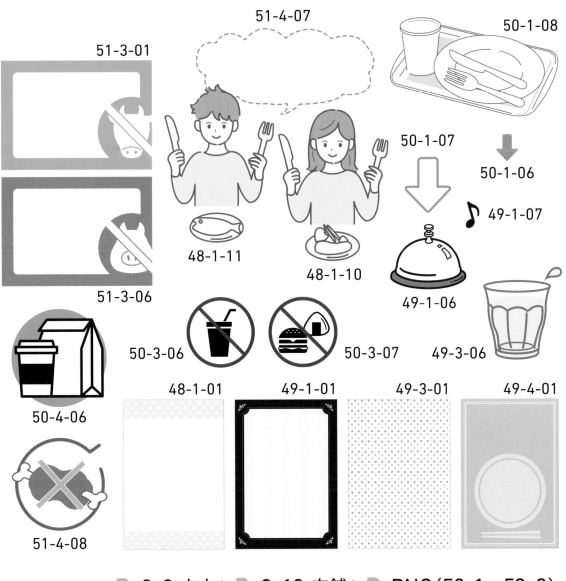

51-4-07

50-1-08

51-3-01

50-1-07

50-1-06

49-1-07

48-1-11

48-1-10

49-1-06

51-3-06

50-3-06

50-3-07

49-3-06

50-4-06

48-1-01

49-1-01

49-3-01

49-4-01

51-4-08

■ 3-2 店内 ▶ ■ 3-12 店舗 ▶ ■ PNG（52-1〜53-8）

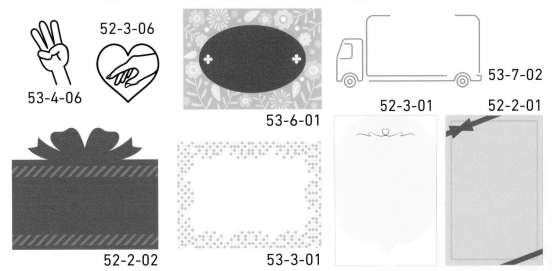

52-3-06

53-4-06

53-6-01

53-7-02

52-3-01

52-2-01

52-2-02

53-3-01

※掲載しているパーツは収録素材の一部です。詳しくは本書5ページを参照ください。

56-2-06

55-4-10

56-1-06

56-1-07

56-1-08

55-4-06

56-3-07

56-3-08

56-4-06

56-2-07

56-3-09

57-1-06

57-3-08

55-2-01

55-4-01

56-2-01

57-3-01

57-3-07

3-2 インバウンド ▶ PNG（58-1〜60-2-4）

59-2-06

59-3-07

59-1-01

59-3-01

60-1-01

60-3-02

60-4-02

59-1-06

59-3-06

59-4-06

60-1-03

60-1-05

60-1-08

60-1-11

3-3 感染対策 ▶ PNG（61-1〜62-6）

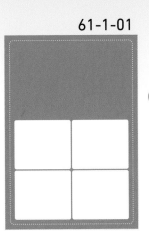

61-1-01

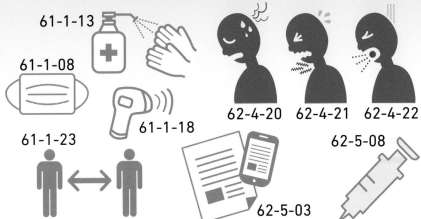

61-1-13

61-1-08

61-1-18

61-1-23

62-4-20　62-4-21　62-4-22

62-5-08

62-5-03

3-4 屋外 ▶ 3-41 入店 ▶ PNG（63-1〜64-6）

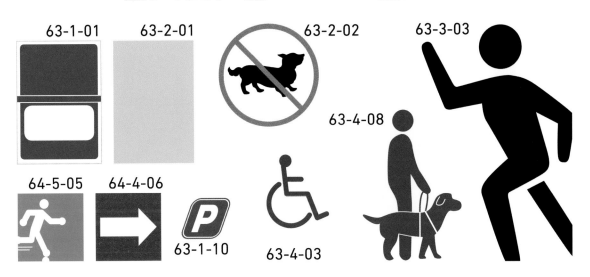

63-1-01　63-2-01　63-2-02　63-3-03

63-4-08

64-5-05　64-4-06

63-1-10

63-4-03

3-4 屋外 ▶ 3-42 営業案内 ▶ PNG（65-1〜66-4）

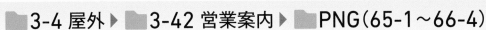

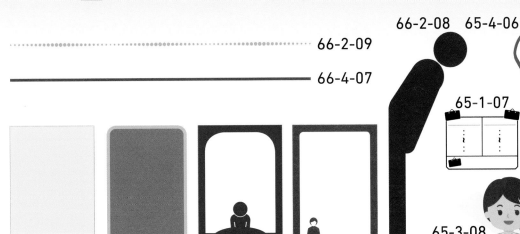

66-2-09

66-4-07

66-2-08　65-4-06

65-1-07

65-3-08

65-1-01　65-3-01　66-3-01　66-4-01

※掲載しているパーツは収録素材の一部です。詳しくは本書5ページを参照ください。

3-4 屋外 ▶ 3-43 駅・交通 ▶ PNG（67-1〜68-6）

67-3-08 68-1-06 67-3-07 67-4-12 67-2-01

67-4-13

67-2-07 67-2-06

68-3-02 68-4-02 68-5-03 68-5-04 68-5-05 68-5-06

3-5 注意書き ▶ PNG（69-1〜72-6）

71-2-02 69-1-03 69-1-04 70-1-03 70-4-02 70-5-03

71-1-06 70-2-03 70-2-04 69-4-01

69-3-02 69-3-03

71-4-03 69-1-01 69-6-01 70-4-01 70-5-01

71-4-02

📁3-6 How to ▶ 📁3-61 食事 ▶ 📁PNG（73-1〜74-2）

- 73-1-04
- 73-1-12
- 74-1-01
- おつり 73-2-21
- TICKET
- 73-2-11
- MENU 73-2-16
- 74-1-07
- 74-1-25
- 74-1-13
- 74-1-19

📁3-6 How to ▶ 📁3-62 宿泊 ▶ 📁PNG（75-1〜76-4）

- 75-1-16
- 75-1-21
- 75-1-30
- 75-1-31
- 76-1-05
- 76-1-30
- 75-2-22
- 75-2-25
- 75-2-11
- 76-1-15

📁3-6 How to ▶ 📁3-63 公衆 ▶ 📁PNG（77-1〜77-2）

- 77-1-01
- 77-1-03
- SSID
- Password
- 77-2-08
- 77-2-13
- 77-2-18

📁3-7 食材 ▶ 📁PNG（78-1〜78-2）

- 78-1-05
- 78-1-06
- 78-1-07
- 78-2-20
- 78-2-21

※掲載しているパーツは収録素材の一部です。詳しくは本書5ページを参照ください。

■ 1-1 ショップ ▶ ■ PNG（10-1~13-4）

人気
10-1-06

Best 5
10-1-07

New Arrival 11-1-03

限定商品
Limited Edition
11-3-05

キャンペーン
12-4-03

Super Sale
12-2-06

ここだけ！
当店限定
13-3-04

特選おみやげ
12-3-07

半額
12-4-02

HALF PRICE CAMPAIGN
12-4-04

■ 1-2 POPラベル ▶ ■ PNG（14-1~15-8）

新発売
14-1-02

New!
14-1-03

新商品
14-2-02

New Arrivals
14-2-03

当店人気
14-7-02

No.1
14-7-03

要冷蔵
15-7-01

Sale Items
15-3-03

人気商品
14-5-02

Sale Exclusions
15-4-01

■ 1-3 飲食店 ▶ ■ PNG（16-1~20-4）

本日のおすすめ
16-1-03

今日推荐 오늘의 추천
16-1-05

旬の今だからおいしい一皿
16-1-06

忘新年会
17-4-03

ご予約受付中
17-4-08

All-you-can-drink
19-2-03

无限畅饮
19-2-04

Limited Time
期間限定
17-2-03

飲み放題
19-2-02

주류 무한리필
19-2-05

📁 1-4 観光スポット ▶ PNG（21-1〜23-4）

ゆった〜り のんび〜り温まる

Best relaxing time
最好的放松时间
여유로운 시간을 만끽
21-1-03

団体割引あります
22-4-02

お寺での参拝の作法
23-4-02

절의 참배 방법
23-4-06

21-1-02

坐禅体験
22-1-04

좌선 체험
22-1-05

レンタカーとのセットがお得です
22-2-02

キャンペーン
22-3-06

フォロ割
22-3-02

📁 1-5 宿泊 ▶ PNG（24-1〜25-4）

24-4-06

予約制
Reservation required
需要预约
예약제

Hiking Course

25-4-03

远足课程
25-4-04

하이킹 코스
25-4-05

マッサージの
ご案内
24-4-02

你想要按摩吗？
24-4-04

グルメフェア
25-1-02

24-4-03

Would you like to have a massage？

周边美食地图 周辺グルメマップ 주변 미식지도
Gourmet map of the surrounding area
25-3-02

📁 1-6 イベント ▶ PNG（26-1〜27-4）

ふれあい
まつり
26-1-02

Exchange Festival
26-1-03

交流祭
26-1-04

교류 축제
26-1-05

HAPPY BIRTHDAY
27-1-03

生日快乐
27-1-04

생일축하해
27-1-05

27-2-04

Let's enjoy

陶芸
27-2-02

SPECIAL EXHIBITION

特別展覧　특별전
27-3-03

※掲載しているパーツは収録素材の一部です。詳しくは本書5ページを参照ください。

ひなまつり イベント
30-2-02

Happy White Day!
30-3-02

さくら まつり
30-4-02

櫻花节
30-4-04

Hinamatsuri event
30-2-03

벚꽃 축제
30-4-05

お花見
31-2-02

Spring fair
32-2-03

Cherry Blossom Festival
30-4-03

弁当
31-2-03

いちご狩り
33-3-02

딸기 따기 체험
33-3-05

33-2-02

こどもの日 イベント

賞櫻午餐
31-2-05

儿童节 节日
33-2-04

34-1-02

Dad,thank you for everything!
34-2-07

Rainy Day Discount 雨天折扣 비 오는 날 할인
34-3-03

34-3-05 **Rainy day only**

父の日 フェア
34-2-02

夏休み イベント
35-2-02

请来玩!
35-2-05

해수욕장 개장
35-4-04

Come and play!
35-2-04

Beach Opening!
35-4-02

BON DANCE FESTIVAL
36-3-03

35-3-03

雨割
34-3-02

盆踊り大会
36-3-02

SUMMER CAMP
GARDEN
37-3-03

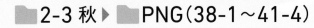

秋の収穫祭
38-2-02

Autumn Harvest Festival
38-2-09

秋の味覚
AUTUMN TASTE MARCHE
マルシェ
38-4-06

Let's Go!
39-1-06

Open store!　开店！　포장마차 거리!
38-2-08

HAPPY HALLOWEEN
40-4-03

秋味市场
38-4-07

我们走吧！
39-1-07

ENJOY！
请享用！
즐겨！
39-3-06

紅葉狩り
Autumn Leaves Viewing
40-1-05

秋叶观赏
40-1-06

\ 予約制 /
39-4-08

\ 需要预约 /
39-4-10

1日　食限定
Limited to　meals a day
每天限量　份　1일　식 한정
41-1-10

ハッピー
ハロウィン
40-4-02

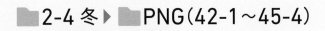

SNOW
42-2-01

FESTIVAL
42-2-02

Merry Christmas!
43-2-02

迎春
44-3-02

着物体験
44-3-03

圣诞节快乐！
43-2-03

메리 크리스마스!
43-2-04

新春
45-1-02

体验穿和服
44-3-05

節分祭
45-2-02

雪节 눈 축제
45-2-03

Setsubun Festival

梅まつり
45-4-02

New Year Big Sale
45-1-04

45-4-04
梅花节

📁 3-4 屋外 ▶ 📁 PNG（63-1〜68-6）

ペットを連れての
ご入店は
ご遠慮ください
63-2-03

NO PETS ALLOWED
63-2-04

こちらで
お待ちください
64-1-02

Please wait here
64-1-04

一般営業は
お休みとなります
66-3-02

本日貸切
66-3-03

We're closed for a
private event
66-3-04

今天包场、
一般业务关闭
66-3-05

금일 단체 예약으로
인하여 일반 영업은
휴무입니다
66-3-06

RENT A CAR
68-1-02

レンタカー
68-1-03

**レンタ
サイクル**
68-2-02

RENTAL CYCLE 68-2-03

コインロッカー
68-6-02

📁 3-5 注意書き ▶ 📁 PNG（69-1〜72-6）

手を触れないで
ください
70-1-02

DO NOT TOUCH
70-1-04

请勿触摸
70-1-05

만지지 마세요
70-1-06

撮影禁止
70-4-04

No Photos
70-4-05

禁止拍照
70-4-06

촬영 금지
70-4-07

頭上注意
71-1-02

WATCH YOUR HEAD
71-1-03

小心碰头
71-1-04

머리 조심
71-1-05

📁 3-6 How to・3-7 食材 ▶ 📁 PNG（73-1〜78-2）

食券の買い方
73-2-06

How to purchase a
meal ticket
73-2-07

餐券的购买方法
73-2-08

식권 사는 방법
73-2-09

お風呂のマナー
75-1-02

サウナの入り方
75-2-02

ゆかたの着方
76-1-01

主にこちらの食材を使用しています
78-1-01

食べられない食物はございますか？
78-2-01

※掲載しているパーツは収録素材の一部です。詳しくは本書5ページを参照ください。

ここに掲載する以外に、本書のWordファイルに使用されているすべての文字は
テキストファイルで収録されています。テンプレートとしてお使いください。

📁 1-1ショップ ▶ 📁 TEXT

📄 10-1

人気「もらってうれしいお土産」

Top Selling Souvenirs

最畅销的纪念品　최고 판매 기념품

📄 11-1

新商品入荷しました

New Arrival

新品到货

신상품 입고

📄 11-2

ご当地グルメ　Local gourmet

当地美食　현지 음식

港から水揚げされたばかりの新鮮な魚介類を美味しく
召し上がっていただくため、
ご注文いただいてから調理してご提供しております。

In order for you to enjoy the delicious fresh seafood just landed
from the port, we prepare and serve it after receiving your order.

为了让您享用刚从港口上岸的美味新鲜海鲜，
我们在接到您的订单后准备上桌。

항구에서 갓 잡은 신선한 해산물을 맛있게 드실 수 있도록 주문이
들어오면 요리하여 제공하고 있습니다.

📄 11-3

限定商品　Limited Edition　한정 상품

1日 50個　Limited to 50

限量50个　50개 한정

📄 12-1

決算　Clearance SALE

清仓销售　할인 세일

📄 12-3

特選おみやげ

Selected Souvenirs Set

特别纪念品套装

특선 기념품 세트

限定 30セット　Limited to 30 sets

限量30 套　30세트 한정

📄 12-4

新規ご入会

For new members

对于新会员

신규 가입자 대상

半額キャンペーン　HALF PRICE CAMPAIGN

半价活动　반값 이벤트

詳しくはこちら　Scan here for more

点击此处了解详情　더 많은 정보를 스캔

📄 13-3

当店限定　LIMITED

本店限定商品

해당 매장 한정 상품

30-1

ひな祭り　Hinamatsuri

人形展示　Doll exhibition

娃娃展　인형 전시

梅酒販売会　Plum wine sales event

梅酒销售活动　매실주 판매회 전시

30-3

Happy White Day！

白色情人节快乐！　해피 화이트 데이！

ラッピング・メッセージカードを無料で承ります

Free Wrapping and message cards Service

免费提供包装纸和留言卡

선물 포장・메시지 카드는 무료로 제공해 드립니다

31-2

春限定　Spring only　仅限春季　봄 한정판

お花見弁当　Cherry-blossom viewing lunch

赏樱午餐　꽃구경 도시락

ご予約承り中　Now accepting reservations

现在接受预订　예약 접수 중

31-3

がんばれ！　Do your best！

尽力而为！　파이팅！

新生活応援キャンペーン

New life support campaign

支援新生活活动　새 출발 응원 캠페인

20%ポイント還元　20% point reduction

积分还元　포인트 환원

48-1

お客様へ　To customers　致顾客　고객님께

おひとり様1品以上の注文をお願いします

Please order at least 1 dish per person

请每人至少点1道菜

1인당 1메뉴 이상 주문해 주세요

49-1

注文はこちらでお願いします

Please order here

请在这里购买

여기서 주문해 주세요

49-2

受付表　Waiting List

ご案内しますので、こちらに記入してお待ちください。

Please fill out here and wait to be seated.

请填写此表格并等待我们为您提供服务

아래에 기입 후 기다려 주시면 안내해 드리겠습니다

49-3

お水はセルフサービスでお願いします

Please help yourself to water

水是自助服务

셀프 서비스입니다

49-4

食券　Meal Ticket　餐券　식권

食券をお買い求めください

Please purchase meal tickets

请购买餐券　식권을 구입해 주십시오

※掲載しているパーツは収録素材の一部です。詳しくは本書5ページを参照ください。

素材データを準備する

本書の素材データは付属DVD-ROMから読み込むほか、専用サイトからのダウンロードにも対応しています。ダウンロードは下記の手順で行ってください。なお、電子書籍版をご購入の方は素材データをダウンロードしてご利用ください。

ダウンロードして使用する

ダウンロードのデータサイズが大きいため、Wi-Fiや有線LANなど安定したインターネット接続環境が必要です。ダウンロードした素材データはバックアップをおすすめします。

1 本書の商品ページにアクセスする

インターネット接続を確認し、以下のURLもしくは二次元コードから、インプレスブックス内、本書の商品ページにアクセスします。

URL https://book.impress.co.jp/books/1121101010

2 ダウンロードページにアクセスする

[★特典]、[>特典を利用する]の順にクリックします。

おもてなしで千客万来！ チラシ・POP素材集 インバウンド対応版 [英語・中国語（簡体字）・韓国語]

Wordでパパっとインバウンド対応！

買い物や飲食、行楽地など観光目的で迎えるあらゆるシーンに使える素材が満載。大きな日本語表記のおしゃれなチラシ・POPデザインに、中国語（簡体字）、韓国語、英語表記がプラス！ 収録デザインはWordファイルなので自由にカスタマイズOK。コロナ対策素材、ペーストで使える外国語素材など便利素材がいっぱい。

目次を見る

紙の本を買う
Amazon.co.jp | 楽天ブックス | セブンネット
HonyaClub.com | honto

電子版を買う
インプレスで電子版を買う（カートに入ります）

2,640円（本体 2,400円＋税10%）

品種名 書籍
発売日 2023/3/24
ページ数 112
サイズ B5判

2,640円（本体 2,400円＋税10%）
PDF / 印刷不可 / 101MB / ソーシャルDRM
電版電子ご利用ガイド

特典

本製品にはご購読の読者様がご利用できる「特典」サービスがついています。お手元に本製品を用意し、「特典を利用する」ボタンから画面の指示に従ってお進みください。

> 特典を利用する

ダウンロード

本製品の読者さまを対象としたダウンロード情報はありません。

お詫びと訂正

現在のところ、本製品に正誤情報はありません。

3 CLUB Impressにログインする

会員IDをお持ちの方はIDとパスワードを入力し[ログイン]をクリック。お持ちでない方は、[会員登録する（無料）]から会員登録を行い、ログインしてください。

4 クイズに答えてデータをダウンロードする

[特典をダウンロードする]で、本書の内容に関するクイズの答えを回答欄に入力、[確認]をクリックします。クイズに正解すると表示される[ダウンロード]ボタンを選択すると、データをダウンロードすることができます。

5 ダウンロード後に解凍する

データはZIP形式になっています。ダウンロード後に解凍（展開）してご利用ください。また、ダウンロードした素材データはバックアップを取るなどして、データの管理を行ってください。

注意

データの再配布・配布は禁止行為です。
またクイズの答えを当社に無断で第三者に開示、もしくは共有することはご利用条件に反する不正行為となりますので絶対にお止めください。

解説

フォントの使い方

本書のWordファイルをご利用いただくには、付属フォントをインストールする必要があります。インストールせずにWordファイルを開くとレイアウトが崩れる場合があるので、こちらの手順に従い付属フォント14書体すべてをインストールしてからご利用ください。

付属 DVD-ROMを使用する

1 付属DVD-ROMをパソコンにセットします。

2 デスクトップ画面下のタスクバーからエクスプローラーを開きます。

3 [PC]からDVDドライブの[CHIRASHI_POP]アイコンをダブルクリックします。

4 [CHIRASHI_POP]を開くと、収録されているファイルが表示されます。

フォントをインストールする

1 [FONT]フォルダをダブルクリックします。

📁 3-3感染対策	2023/02/15 13:12	ファイル フォルダー
📁 3-4屋外	2023/02/15 13:12	ファイル フォルダー
📁 3-5注意書き	2023/02/15 13:12	ファイル フォルダー
📁 3-6Howto	2023/02/15 13:12	ファイル フォルダー
📁 3-7食材	2023/02/15 13:12	ファイル フォルダー
📁 FONT	2023/02/15 13:12	ファイル フォルダー

2 [Noto_CJK_JP]フォルダをダブルクリックします。

3 「.otf」の拡張子のついたファイルをダブルクリックします。ここでは[NotoSansCJKjp-Black.otf]ファイルをインストールします。

4 [インストール]をクリックするとインストールが始まります。

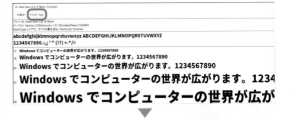

5 手順3に戻り、同じ手順で付属フォント14書体すべてのインストールを完了させます。

収録されているフォント一覧

「FONT」フォルダには、ゴシック体の「Noto Sans CJK JP」7書体と明朝体の「Noto Serif CJK JP」7書体の計14書体を収録し、日本語、英語、中国語、韓国語の表示が可能です。

Noto Sans CJK JP

NotoSansCJKjp-Thin
もらってうれしいお土産ランキング

NotoSansCJKjp-Light
もらってうれしいお土産ランキング

NotoSansCJKjp-DemiLight
もらってうれしいお土産ランキング

NotoSansCJKjp-Regular
もらってうれしいお土産ランキング

NotoSansCJKjp-Medium
もらってうれしいお土産ランキング

NotoSansCJKjp-Bold
もらってうれしいお土産ランキング

NotoSansCJKjp-Black
もらってうれしいお土産ランキング

Noto Serif CJK JP

NotoSerifCJKjp-ExtraLight
もらってうれしいお土産ランキング

NotoSerifCJKjp-Light
もらってうれしいお土産ランキング

NotoSerifCJKjp-Regular
もらってうれしいお土産ランキング

NotoSerifCJKjp-Medium
もらってうれしいお土産ランキング

NotoSerifCJKjp-SemiBold
もらってうれしいお土産ランキング

NotoSerifCJKjp-Bold
もらってうれしいお土産ランキング

NotoSerifCJKjp-Black
もらってうれしいお土産ランキング

フォントを変更するには

1 使いたいチラシ・POPを開き（P101参照）、[ホーム]タブをクリックし、フォントを変更したい文字をドラッグして選択します。

2 [フォント]横の矢印をクリックし、表示されるメニューから、フォントを選びます。

解説

Wordの使い方

収録されているWordファイルは、必要に応じてテキストや写真、イラストを変更すれば、様々なシーンで使用できます。
ここでは、テキストのアレンジ方法や印刷の仕方など、基本操作を解説します。

※掲載している画面はWindows 11、Word 365のものです。　バージョンによって機能名やボタンの位置が異なることがあります。

Wordファイルを開く

1 本書のカタログページに掲載している収録先をたどり、使いたいチラシ・POPのあるフォルダをダブルクリックして開きます。

▼

2 使いたいチラシ・POPのWordファイルをダブルクリックして開きます。

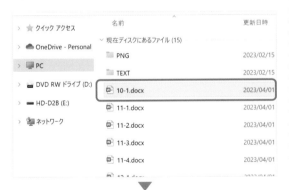

▼

3 パソコン環境によって編集不可になる場合は、[ホーム]タブの[編集]→[編集]をクリックすると、編集できるようになります。

Wordファイルを保存する

1 [ファイル]タブをクリックします。

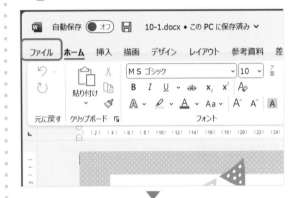

▼

2 [名前を付けて保存]をクリックし、[参照]を選択します。

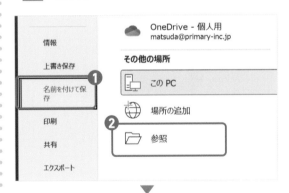

▼

3 「名前を付けて保存」が表示されたら、保存する場所を指定してファイル名を入力。[保存]をクリックします。

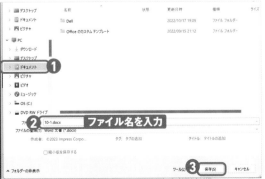

大きさや位置を変更する

1 変更したい文字やイラストをクリックし、表示される四隅のをドラッグして枠のサイズを調整します。

2 変更したい文字やイラストをドラッグして位置を調節します。

文字を書き換える

1 書き換えたい文字をドラッグして選択します。

2 書き換えたい文字が選択された状態で、キーボードで文字を入力します。

文字の大きさや装飾、色を変更する

変更したい文字をドラッグして選択し、[ホーム]タブをクリックします。表示されるメニューから、文字の大きさ、色、文字揃えなどが変更できます。

❶ 文字の大きさ
❷ 太字、斜体、下線
❸ 効果、蛍光ペン、色
❹ 文字揃え

文字を追加する

1 [挿入]タブの[テキストボックス]をクリックし、[横書き(または縦書き)テキストボックスの描画]をクリックします。

2 文字を入力したい位置でドラッグして指定し、キーボードで文字を入力します。

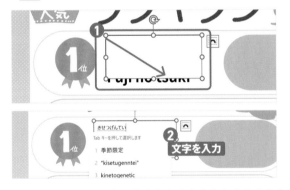

3 テキストボックスを選択し、[図形の書式]タブの[図形の塗りつぶし]をクリックし、[塗りつぶしなし]を選択します。同様に[図形の枠線]をクリックし、[枠線なし]を選択します。

4 102ページの「大きさや位置を変更する」を参考にレイアウトの調整をし、必要であれば「文字の大きさや装飾、色を変更する」を参考に大きさや色などを変更します。

印刷する

[ファイル]タブをクリックし、[印刷]を選択。プリンターや用紙の方向、サイズを確認します。印刷する部数を指定したら、[印刷]をクリックして印刷を開始します。

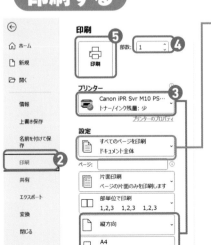

[プリンターのプロパティ]で用紙の種類や印刷品質を正しく設定するときれいに印刷できます。
※プリンターによって設定方法が異なります

写真やイラストを変更する

1 グレーの写真用画像や変更したいイラストを右クリックして、表示されるメニューから[図の変更]→[このデバイス]を選択します。

2 「図の挿入」が表示されたら、使用したい写真が保存されている場所を選択。写真をクリックし、[挿入]をクリックします。

※イラストを変更する場合は付属DVD-ROM内のフォルダからイラストを選択してください。

3 写真のトリミングを変更したいときは、貼り付けた写真やイラストを選択して、[図の形式]タブから[トリミング]を選択します。

4 周囲にある黒いハンドルをドラッグして窓枠部分の見える範囲を指定します。

5 次に写真の四隅にある○をドラッグして写真のサイズを、写真をドラッグして位置を調節します。

6 位置が決まったらもう一度[トリミング]をクリックして切り抜きます。

写真やイラストを追加する

1 何も選択されていない状態で、[挿入]タブの[画像]をクリックします。

2 「図の挿入」が表示されたら、付属DVD-ROM内のフォルダからイラストを選択して[挿入]をクリックします。

※写真を追加する場合は、使用したい写真が保存されている場所を選択してください。

3 写真やイラストを選択した状態で、[図の形式]タブの[文字列の折り返し]をクリックし、[背面]を選択します。

4 必要に応じて、写真やイラストの一部を見えなくしたいときは、104ページの「写真やイラストを変更する」手順を**3**参考にトリミングを行います。

5 102ページの「大きさや位置を変更する」を参考にレイアウト調整をします。

写真やイラストの重なり順を変える

1 順番を入れ替えたい写真やイラストを右クリックして、表示されるメニューの[最前面(もしくは最背面)へ移動]から[前面(もしくは背面)へ移動]を選択します。

2 1度で移動しない場合は、何回か繰り返します。

背面にあるものを選択する方法

文字やイラストが重なりうまく選択できないものは、[ホーム]タブの[編集]→[選択]の[オブジェクトの選択と表示]をクリック。重なり順に表示された一覧で、上に重なっているオブジェクトの[◎]をクリックし、不可視にすることで編集ができます。

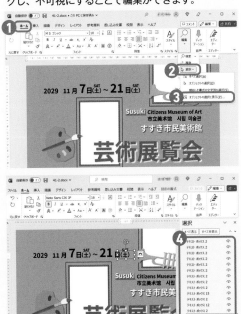

背面に写真を挿入する

Word上では複雑な形の写真枠が作れないので、104ページ手順**1**の[画像の変更]メニューが表示されないときは、こちらの手順に従い写真を挿入します。

1 何も選択されていない状態で、[挿入]タブの[画像]→[このデバイス]をクリックし、使用したい画像が保存されている場所を選択します。

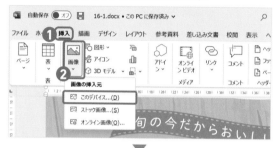

2 「図の挿入」が表示されたら、使用したい写真を選択して[挿入]をクリックします。

3 104ページの「写真やイラストを変更する」**3〜6**を参考に写真の大きさを調整し、写真をドラッグしてフレームの位置に合わせます。

4 写真を選択した状態で右クリックし、[最背面に移動]を選択します。

5 ほかのフレーム内に写真が残ってしまった場合など、必要に応じて縮小・拡大やトリミングを行います。

最背面にあるものを選択する方法

最背面にした写真は、[ホーム]タブの[選択]の[オブジェクトの選択と表示]をクリックし、一番下に表示された図をクリックすると選択できます。最背面に配置したあと、再度調整が必要な場合に活用してください。

オリジナル地図の作り方

Wordの「図形」機能でオリジナル地図を作ってみましょう。

1 　川、線路、道路などを下になる順に配置していきます。[挿入]タブの[図形]から[線]を選択し、配置したい位置でドラッグします。

※「Shift」キーを押しながらドラッグすると、まっすぐ線を引くことができます。

2 　配置した線の色、太さ、線の種類を調節します。調節したい線を選択し、[図形の書式]タブの[図形の枠線]で設定します。

3 　105ページの「写真やイラストを追加する」を参考に、「図の挿入」で素材データの「38-3-03.png」を選択し追加します。

4 　地図アイコンを選択した状態で、[図の形式]タブの[文字列の折り返し]をクリックし、[前面]を選択します。

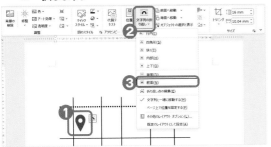

1 　102ページの「大きさや位置を変更する」を参考に地図アイコンの大きさや位置を調節します。

2 　道や建物が配置できたら、103ページの「文字を追加する」を参考に文字を追加します。

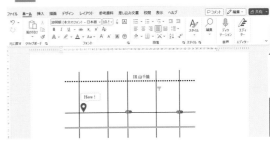

※吹き出しなどを使うとわかりやすくなります。

詳しい地図を作るときのヒント

① [ファイル]タブの[新規]から「白紙の文書」を選択して別のWordファイルを作成。大きめに地図を作って保存します。

② ①のWordファイルを開いた状態でチラシを開き、[挿入]タブの[スクリーンショット]から[画面の領域]を選択。作成した地図の範囲を囲みます。

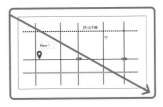

③ 挿入された画像の大きさや位置を調整します。

Wordの使い方ヒント

Wordファイルをアレンジしたいけれど、なかなかうまくいかない……という悩みを
解決するためのヒントを紹介します。参考にして、いろいろ試してみてください。

ヒント① Wordデータが印刷できない

Wordで作ったデータがうまく印刷できないときは、一度
PDF形式で保存して、Adobe Acrobat Readerを使って
印刷してみるのも一つの方法です。ただし、PDF形式で一
度保存してしまうと、再編集できなくなるので、Word形式
の元データもきちんと残しておきましょう。

保存時に［ファイルの種類］
を［PDF］にする

ヒント② 字間を調節する

調節したい文字をドラッグして選択。[ホーム]タブの[フォント]
から「フォント」を表示します。[詳細設定]タブをクリックし、
[間隔]にポイント数を入力、[OK]をクリックします。

ヒント③ フチなしで印刷する

フチなし印刷は[プリンターのプロパティ]で設定します。用
紙サイズを設定してから、[四辺フチなし][フチなし全面印刷]
などにチェックを入れるとフチなしで印刷ができます。ただ
し、プリンターの機種によっては対応していないものもあり
ますので、付属のマニュアルで確認、またはプリンターメーカー
までお問い合わせください。

ヒント④ 行間を調節する

調節したい行をドラッグして選択。[ホーム]タブの[行と段
落の間隔]から[行間のオプション]を選択し、[インデント
と行間隔]タブの[間隔]で[行間]を[固定値]にし、[間隔]
にポイント数を入力、[OK]をクリックします。

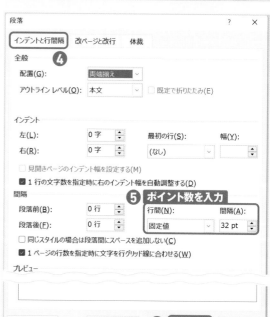

⑤ 回転する

選択すると表示される上部の矢印を回転したい方向へド
ラッグすると、自由な角度で回転できます。

⑥ 図形を挿入する

[挿入]タブの[図形]をクリックし、好みの図形を選択。作
成したい位置でドラッグして、図形を作成します。図形を選
択した状態で、[図形の書式]タブの[図形の塗りつぶし]と[図
形の枠線]で色を指定します。

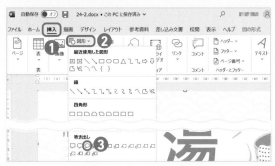

※黄色い○をスライドさせると
形を調節できる図形もあります。

⑦ 向きを変更する

写真やイラストは選択すると表示される四隅の○を反転した
い方向までドラッグすると反転します。

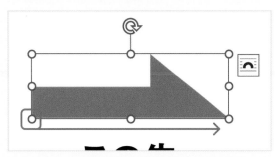

⑧ 重なり順が変更できない

書き換え可能なテキストボックスで配置された文字は[前面]、
その他のイラストや画像の文字などは[背面]に設定されて
います。
105ページの「写真やイラストの重なり順を変える」の手順を
行っても、うまく入れ替わらない場合は、入れ替えたいもの
を右クリックして、表示されるメニューの[文字列の折り返
し]から[前面(もしくは背面)]へ変更。その後、105ページ
の手順を参考に重なり順を変更してください。

⑨ 写真やイラストに効果をつける

Wordでは、影や明るさ、色など、写真やイラストにさまざ
まな効果を設定することができます。効果をつけたいものを
選択し、[図の形式]タブをクリック。影や光彩などの効果を
設定します。

❶ 図の枠線
❷ 影、光彩、ぼかしなど
❸ 明るさ/コントラスト、色、アート効果など
❹ 背景の削除

⑩ 飾り文字の編集（文字に効果をつける）

効果をつけたい文字を選択し、[図形の書式]タブの[ワードアートのスタイル]からお好みの効果を選択します。

1 文字の色　　　2 文字の輪郭
3 文字の効果　　4 クイックスタイル

文字の効果

クイックスタイル

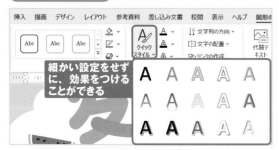

注意

テキストボックスや文字を全選択した状態で効果をつけると ↵（リターンマーク）にも効果がついてしまうことがあります。必ず該当箇所のみ選択してから設定しましょう。

⑪ 効果の削除方法

削除したい部分をドラッグして選択し、[ホーム]タブから[すべての書式のクリア]を選択すると、すべての効果を削除することができます。

⑫ 文字が書き換えできない

チラシ・POPの文字は、日付や住所情報など書き換えできる文字と、タイトルなど書き換えできない文字があります。文字をクリックしたとき右上に[図形の書式]と表示される場合は、書き換えることができますが、[図の形式]と表示される場合は画像になっており、書き換えることができません。

×書き換えできない

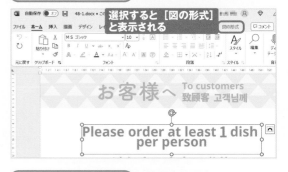

◎書き換えできる

素材データの内容

本書の素材データ（以下単に「データ」といいます）は、付属DVD-ROMまたはダウンロードしてご利用いただけます。
どちらのデータも内容は同じです。

フォルダ構成

各カテゴリフォルダ内にファイル名のフォルダ、さらにデータ形式別のフォルダに分かれています。

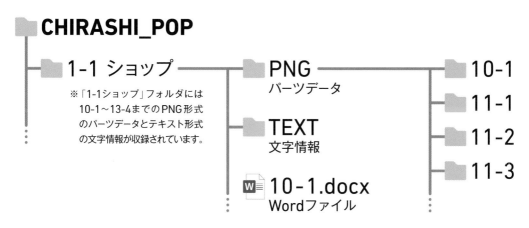

CHIRASHI_POP

1-1 ショップ
※「1-1ショップ」フォルダには
　10-1〜13-4までのPNG形式
　のパーツデータとテキスト形式
　の文字情報が収録されています。

PNG
パーツデータ

TEXT
文字情報

10-1.docx
Wordファイル

10-1
11-1
11-2
11-3

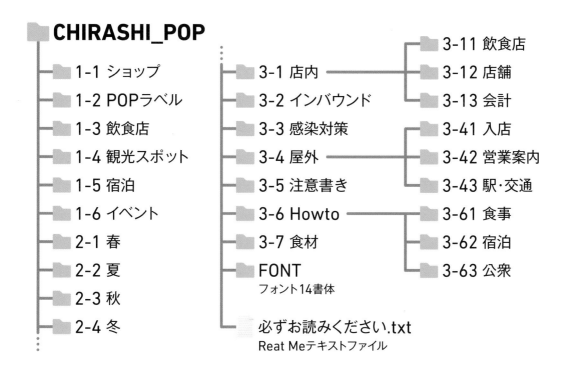

CHIRASHI_POP

1-1 ショップ
1-2 POPラベル
1-3 飲食店
1-4 観光スポット
1-5 宿泊
1-6 イベント
2-1 春
2-2 夏
2-3 秋
2-4 冬

3-1 店内
3-2 インバウンド
3-3 感染対策
3-4 屋外
3-5 注意書き
3-6 Howto
3-7 食材
FONT
フォント14書体

必ずお読みください.txt
Reat Meテキストファイル

3-11 飲食店
3-12 店舗
3-13 会計
3-41 入店
3-42 営業案内
3-43 駅・交通
3-61 食事
3-62 宿泊
3-63 公衆

スタッフ

表紙・本文デザイン	primary inc., 臼井あゆみ
イラスト制作	あこの／有限会社山屋商店／株式会社パワーデザイン／株式会社エムディエヌコーポレーション／primary inc.,
写真	Adobe Stock／写真AC
イラスト	奥川りな
制作協力	Madalina H.／盧思／林 孝眞／小野寺淑美
ROM作成	関口雄也
編集	皆川美緒／primary inc.,
副編集長	竜口明子
編集長	山内悠之

■商品に関する問い合わせ先

このたびは弊社商品をご購入いただきありがとうございます。本書の内容などに関するお問い合わせは、下記のURLまたは二次元コードにある問い合わせフォームからお送りください。

 https://book.impress.co.jp/info/

上記フォームがご利用いただけない場合のメールでの問い合わせ先 info@impress.co.jp
※お問い合わせの際は、書名、ISBN、お名前、お電話番号、メールアドレス に加えて、「該当するページ」と「具体的なご質問内容」「お使いの動作環境」を必ずご明記ください。なお、本書の範囲を超えるご質問にはお答えできないのでご了承ください。

● 電話やFAXでのご質問には対応しておりません。また、封書でのお問い合わせは回答までに日数をいただく場合があります。あらかじめご了承ください。

● インプレスブックスの本書情報ページ https://book.impress.co.jp/books/1121101010では、本書のサポート情報や正誤表・訂正情報などを提供しています。あわせてご確認ください。

● 本書の奥付に記載されている初版発行日から3年が経過した場合、もしくは本書で紹介している製品やサービスについて提供会社によるサポートが終了した場合はご質問にお答えできない場合があります。

■ 落丁・乱丁本などの問い合わせ先
FAX　03-6837-5023
service@impress.co.jp
※古書店で購入されたものについてはお取り替えできません。

おもてなしで千客万来！
チラシ・POP素材集
インバウンド対応版［英語・中国語（簡体字）・韓国語］

2023年4月1日　初版発行

著者	primary inc.,
発行人	小川 亨
編集人	高橋隆志
発行所	株式会社インプレス 〒101-0051　東京都千代田区神田神保町一丁目105番地 ホームページ　https://book.impress.co.jp/

本書に登場する会社名、製品名は、各社の登録商標または商標です。本文では®マークや™は明記しておりません。
本書は著作権法上の保護を受けています。本書の一部あるいは全部について（ソフトウェア及びプログラムを含む）、株式会社インプレスから文書による許諾を得ずに、いかなる方法においても無断で複写、複製することは禁じられています。

Copyright ©2023 Impress Corporation. All rights reserved.

印刷所　大日本印刷株式会社
ISBN978-4-295-01618-2 C3055
Printed in Japan